Dava Sobel
Die Planeten

Aus dem Amerikanischen
von Thorsten Schmidt

Berlin Verlag

Die Originalausgabe erscheint 2005 unter dem Titel *The Planets* bei Viking, New York | © 2005 Dava Sobel | Für die deutsche Ausgabe © 2005 Berlin Verlag GmbH, Berlin | Alle Rechte vorbehalten | Umschlaggestaltung: Nina Rothfos und Patrick Gabler, Hamburg | Typografie: Renate Stefan, Berlin | Gesetzt aus der Kennerly durch psb, Berlin | Druck & Bindung: Ebner & Spiegel, Ulm | Printed in Germany 2005 | ISBN 3-8270-0267-2

Mit Welten voller Liebe meinen großen Brüdern gewidmet:
Michael V. Sobel,
der unsere Katze Captain Marvel* nannte,
und Stephen Sobel,
der sich im Raumfahrtcamp eine Koje mit mir teilte.

* Kapitän Wunderbar (A. d. Ü.).

Nachts liege ich wach
im unbarmherzig Ungesagten,
und weiß, dass Planeten
zum Leben erwachen, aufblühen
und hinscheiden,
wie Taglilien, die sich,
eine nach der anderen,
in allen Winkeln
des Universums öffnen ...

DIANE ACKERMAN, »KOSMISCHES PASTORALE«,
AUS: DIE PLANETEN

In der gesamten Geschichte der Menschheit wird es nur eine
Generation geben, die als Erste das Sonnensystem erforscht,
eine Generation, für die die Planeten in ihrer Jugend entfernte
Lichtpunkte sind, die über den Nachthimmel ziehen, und für
die, wenn sie älter geworden ist, die gleichen Planeten im Verlauf ihrer Erforschung zu neuen Welten werden, die man kennt
und über die man Bescheid weiß wie über neuentdeckte Länder.

CARL SAGAN, NACHBARN IM KOSMOS. LEBEN UND LEBENS-
MÖGLICHKEITEN IM UNIVERSUM, MÜNCHEN 1975, S. 66.

INHALT

1. Modellwelten (Überblick) – 11
2. Genesis (Die Sonne) – 21
3. Mythologie (Merkur) – 35
4. Schönheit (Venus) – 53
5. Geographie (Erde) – 73
6. Mondsucht (Der Mond) – 99
7. Science-Fiction (Mars) – 117
8. Astrologie (Jupiter) – 135
9. Sphärenmusik (Saturn) – 155
10. Entdeckung (Uranus und Neptun) – 171
11. UFO (Pluto) – 201
12. Planetenforscher (Schluss) – 217

Danksagung – 225
Glossar – 227
Einzelheiten (Anmerkungen) – 235
Quellennachweis – 255
Literaturverzeichnis – 257
Register 263

1 Modellwelten

Soweit ich mich entsinnen kann, begann mein Planetenkult, als ich acht Jahre alt und in der dritten Klasse war – genau zu der Zeit, als ich lernte, dass die Erde noch Geschwister im Weltraum hat, so wie ich ältere Brüder auf der High-School und im College hatte. Die Existenz benachbarter Welten war im Jahr 1955 eine gleichermaßen konkrete wie geheimnisvolle Offenbarung, denn obwohl alle Planeten einen Namen trugen und ihren festen Platz im Sonnensystem hatten, war nur wenig über sie bekannt. Wie Paris und Moskau, nur weit stärker, regten Pluto und Merkur die Fantasie eines Kindes zu überaus exotischen Spekulationen an.

Die wenigen gesicherten Fakten über die Planeten deuteten auf surreale, bizarre Eigenschaften hin, die von unerträglichen Temperaturextremen bis zur Zeitkrümmung reichten. Da beispielsweise Merkur die Sonne in nur 88 Tagen umläuft – gegenüber den 365 Tagen, die die Erde benötigt –, huscht ein Jahr auf dem Merkur also in kaum drei Erdmonaten vorüber, so ähnlich wie man bei einem »Hundejahr« sieben Lebensjahre eines Tieres in ein Lebensjahr des Hundebesitzers packt und damit die bedauerlich kurze Lebenserwartung dieser Haustiere erklärt.

Jeder Planet eröffnete sein eigenes Reich an Möglichkeiten, seine eigene Version der Wirklichkeit. Unter der permanenten Wolkendecke der Venus verbargen sich angeblich üppige Sümpfe, und Ozeane aus Öl oder vielleicht auch Sodawasser überfluteten Regenwälder voll gelber und orangefarbener Pflanzenwelten. Und diese Annahmen stammten von seriösen Wissenschaftlern, nicht aus Comics oder Science-Fiction-Romanen.

Die grenzenlose Fremdheit der Planeten stand in scharfem Kontrast zu ihrer geringen Anzahl. Ihre Neunerzahl definierte sie als Gruppe. Gewöhnliche Dinge traten paar- oder dutzendweise auf oder in Mengen, die auf eine Fünf oder Null endeten, die Planeten hingegen waren neun an der Zahl, lediglich neun. Und doch ließ sich die Neun, unfasslich wie der Weltraum selbst, an den Fingern abzählen. Im Unterschied zu den Namen der 48 Hauptstädte der kontinentalen US-Bundesstaaten oder zu wichtigen Daten aus der Geschichte New Yorks konnte man sich die Planeten an einem Abend einprägen. Jedes Kind, das sich die Namen der Planeten mit einer Eselsbrücke einprägte – »Mein Vater

erklärt mir jeden Sonntag unsere neun Planeten« –, hatte
damit gleichzeitig ihre Anordnung in der Reihenfolge ihrer
Entfernung von der Sonne im Kopf: Merkur, Venus, Erde,
Mars, Jupiter, Saturn, Uranus, Neptun, Pluto.

Die überschaubare Zahl von Planeten machte diese
gleichsam zu Sammelobjekten und regte mich dazu an, sie für
die Wissenschaftsausstellung an unserer Schule zu einem
Diorama zusammenzustellen. Ich sammelte Murmeln, Tennis-
bälle, Tischtennisbälle und die pinkfarbenen Gummi-Hüpf-
bälle, die wir Mädchen stundenlang auf dem Gehsteig sprin-
gen ließen, bemalte sie mit Temperafarbe und hängte sie an
Pfeifenputzern und Schnüren auf. Mein Modell (mehr ein
Puppenhaus als ein wissenschaftliches Demonstrationsobjekt)
vermittelte keineswegs einen wirklichkeitsgetreuen Eindruck von der relativen Größe der Planeten und den enormen Entfernungen zwischen ihnen. Eigentlich hätte ich für
Jupiter einen Basketball nehmen und damit verdeutlichen
sollen, wie klein die anderen Planeten neben ihm waren, und
ich hätte alles in einem riesigen, von einer Waschmaschine
oder einem Kühlschrank stammenden Verpackungskarton in-
stallieren sollen, damit es den grandiosen Abmessungen des
Sonnensystems näher entspricht.

Zum Glück zerstörte mein unausgefeiltes, mit einem völli-
gen Mangel an Kunstfertigkeit erstelltes Diorama nicht meine wunderbaren Visionen von Saturn, der schwerelos in den
sich um ihn drehenden, vollkommen symmetrischen Ringen
schwebte, oder von den sich wandelnden Strukturmustern
der Marslandschaft, die in den astronomischen Aufsätzen
der 1950er Jahre auf jahreszeitlich bedingte Vegetations-
zyklen zurückgeführt wurden.

Nach der Wissenschaftsausstellung führte meine Klasse ein Planeten-Stück auf. Ich bekam die Rolle des »Einsamen Sterns«, weil dieser nach der Dramaturgie einen roten Umhang tragen sollte, und ich einen solchen besaß, der von einem Halloween-Kostüm übrig geblieben war. Als »Einsamer Stern« hielt ich einen Monolog über den Wunsch der Sonne nach Gesellschaft, den die Planeten-Schauspieler erfüllten, indem sie sich zu mir gesellten, wobei jeder seine Besonderheiten erläuterte. Am denkwürdigsten waren der Auftritt von »Saturn«, der während seines Vortrags zwei Hula-Hoop-Reifen kreisen ließ, und von »der Erde«, die, obschon mollig und schüchtern, sachlich-nüchtern verkünden musste: »Ich habe einen Taillenumfang von 38 000 Kilometern.« So prägte sich mir die Größe des Erdumfangs unauslöschlich ein. (Man beachte, dass wir damals immer »die Erde« sagten. »Die Erde« wurde erst zu »Erde«, als ich herangewachsen und der Mond von einem Nachtlicht zu einem Reiseziel geworden war.)

Meine Rolle als »Einsamer Stern« half mir, die Beziehung der Sonne zu den Planeten als die einer Mutter und Führerin richtig zu würdigen. Nicht umsonst nennt man unseren Teil des Universums, in welchem der Aufbau und die Beschaffenheit eines jeden Planeten weitgehend durch seine Entfernung zur Sonne bestimmt wird, »Sonnensystem«.

In meinem Diorama hatte ich die Sonne weggelassen, da ich ihre Macht verkannte; zudem wäre das Maßstabsproblem, das sie aufwirft, unlösbar gewesen.* Ein weiterer

---

* In seiner genialen Abhandlung »Das Tausend-Yard-Modell oder Die Erde als Pfefferkorn« konstruiert Guy Ottewell ein maßstabs-

Grund dafür, dass ich die Sonne und auch den Mond überging, war die strahlende Vertrautheit beider Objekte, die sie gleichsam zu festen Bestandteilen der Erdatmosphäre machte, während man die Planeten nur gelegentlich und flüchtig zu Gesicht bekam (entweder vor dem Schlafengehen oder an einem noch dunklen, frühmorgendlichen Himmel) und diesen daher höhere Wertschätzung entgegenbrachte.

Bei unserer Klassenfahrt zum Hayden-Planetarium in New York sahen wir Stadtkinder einen idealisierten Nachthimmel, unverfälscht vom grellen Schein der Ampeln und Neonlichter. Wir beobachteten, wie die Planeten sich gegenseitig über die Himmelskugel jagten. Wir testeten die relative Stärke der Schwerkraft anhand speziell justierter Waagen, die anzeigten, wie viel man auf dem Jupiter wiegen würde (ein durchschnittlich großer Lehrer 180 Kilogramm und mehr) oder auf dem Mars (alle federleicht). Und wir bestaunten den fünfzehn Tonnen schweren Meteoriten, der aus heiterem Himmel im Willamette-Tal in Oregon niedergegangen war und der eine Bedrohung für das menschliche Leben darstellte, an die bis dato nur wenige von uns gedacht hatten.

Der Willamette-Meteorit (weiterhin Dauerexponat am heute so genannten *Rose Center for Earth and Space*) war angeblich, kaum zu glauben, der Eisen-Nickel-Kern eines

getreues Modell des Sonnensystems und benutzt dazu eine Bowlingkugel für die Sonne. Die Erde mit ihrem Durchmesser von fast 13 000 Kilometern, die hier die Größe eines Pfefferkorns hat, steht an angemessener Stelle knapp 24 Meter (!) von der Bowlingkugel entfernt.

Urplaneten, der einstmals eine Umlaufbahn um die Sonne beschrieb. Diese Welt war vor mehreren Milliarden Jahren aus irgendeinem Grund zerborsten und hatte ihre Fragmente ins All geschleudert. Der Zufall hatte dieses Teilstück Richtung Erde gestoßen, wo es mit Riesengeschwindigkeit auf Oregon zuraste, durch die Reibungshitze weitgehend verglühte und mit der Sprengkraft einer Atombombe auf dem Talboden aufschlug. Als der Meteorit später äonenlang reglos dalag, fraß der saure Regen, der vom nordöstlichen Pazifik heraufzog, große Löcher in seinen verkohlten, verrosteten Rumpf.

Diese Urszene brachte erstmals mein naives Bild von den unschuldigen Planeten ins Wanken. Jener dunkle, bösartige Eindringling hatte sich im Weltraum zweifellos in der Gesellschaft von Horden weiterer streunender Gesteins- und Metallbrocken befunden, die jeden Augenblick auf die Erde einstürzen konnten. Mein Sonnensystem zu Hause, bis dahin ein Muster an uhrwerksgenauer Regelmäßigkeit, hatte sich in einen ungeordneten, gefährlichen Ort verwandelt.

Der Start des *Sputnik* im Jahr 1957 – ich war damals zehn Jahre alt – erschreckte mich zu Tode. Als Demonstration der militärischen Schlagkraft einer fremden, bedrohlichen Macht verlieh er den an allen Schulen praktizierten Luftschutzübungen, bei denen wir uns zu unserer vorgeblichen Sicherheit mit dem Rücken zum Fenster unter die Pulte duckten, einen neuen Sinn. Zweifellos hatten wir von bösen Mitmenschen noch immer mehr zu befürchten als von unberechenbaren Trümmern aus dem All.

Während meiner Jahre als Teenager und Twen, als Amerika den Traum des jungen Präsidenten von einer Rakete zum Mond wahr machte, hielten verborgene Flugkörper in unterirdischen Abschusssilos kollektive Albträume wach.

Doch zu dem Zeitpunkt, als die Apollo-Astronauten im Dezember 1972 ihren letzten Schwung Mondsteine mitbrachten, waren friedliche Raumsonden als Hoffnungsträger auch auf Venus und Mars gelandet, und eine weitere, die US-amerikanische *Pioneer 10*, befand sich auf dem Weg zu einem Vorbeiflug an Jupiter. In den 1970er und 1980er Jahren verging kaum ein Jahr ohne eine unbemannte Exkursion zu einem anderen Planeten. Von Forschungsrobotern zur Erde gefunkte Bilder versahen die runden, leeren Gesichter der Planeten mit immer neuen Details. Auch bis dahin unbekannte Objekte kamen zum Vorschein, da die Raumfahrzeuge bei Jupiter, Saturn, Uranus und Neptun buchstäblich auf Dutzende neuer Monde stießen, desgleichen auf Mehrfachringe um alle vier Planeten.

Obwohl Pluto unerforscht blieb, weil ein Erkundungsflug dorthin als zu weit und zu schwierig galt, entdeckte man im Zuge gründlicher Auswertungen von Fotografien, die mit Teleskopen auf der Erde gemacht worden waren, 1978 zufällig, dass der Planet unerwarteterweise einen Mond hatte. Wenn meine 1981 geborene Tochter versucht hätte, im Alter von acht Jahren selbst ein Diorama des berichtigten und erweiterten Sonnensystems zu erstellen, hätte sie mehrere Hand voll Geleebonbons und Haribos benötigt, um die vielen kürzlich erfolgten Ergänzungen getreulich abzubilden. Mein Sohn, drei Jahre jünger als sie, hätte sein Diorama womöglich auf unserem PC entworfen.

Obgleich die Anzahl der Objekte im Sonnensystem zugenommen hatte, blieben seine Planeten unverändert neun, zumindest bis 1992. In jenem Jahr wurde ein kleiner, dunkler, von Pluto unabhängiger Himmelskörper am Rand des Sonnensystems entdeckt. Alsbald folgten ähnliche Entdeckungen, bis im Lauf des anschließenden Jahrzehnts die Zahl kleiner Ausleger auf insgesamt 700 stieg. Die Fülle an Kleinstwelten veranlasste so manchen Astronomen zu der Frage, ob man Pluto weiterhin als Planeten betrachten oder als größtes der »transneptunischen Objekte« umklassifizieren sollte. (Das *Rose Center* hat Pluto bereits von der Liste der Planeten gestrichen.)

1995, nur zwei Jahre, nachdem man den ersten von Plutos zahlreichen Nachbarn entdeckt hatte, kam etwas sogar noch Bemerkenswerteres ans Licht, nämlich ein echter neuer Planet – eines anderen, sonnenähnlichen Sterns. Astronomen hatten seit langem vermutet, dass außer der Sonne noch andere Sterne Planetensysteme haben könnten, und nun war der erste Planet bei 51 Pegasi im Sternbild des Pegasus aufgetaucht. Binnen Monaten kamen weitere »Exoplaneten« – wie man die neu entdeckten Planeten außerhalb des Sonnensystems bald nannte – bei Sternen wie Ypsilon Andromedae, 70 Virginis b und PSR 1257+12 zum Vorschein. Seitdem wurden noch mindestens 120 weitere Exoplaneten identifiziert, und weitere Verbesserungen der Beobachtungsinstrumente verheißen in naher Zukunft noch viele mehr. Tatsächlich könnte allein in unserem Sternsystem, der Milchstraße (Galaxis), die Zahl der Planeten die der Sterne (100 Milliarden) noch weit übersteigen.

Mein altvertrautes Sonnensystem, das einst als einzigartig galt, ist jetzt nur mehr das erste bekannt gewordene Beispiel einer verbreiteten Gattung.

Da bislang noch keine Exoplaneten mit einem Teleskop direkt beobachtet werden konnten, bleibt es der Fantasie ihrer Entdecker überlassen, sich ihr Aussehen vorzustellen. Lediglich ihre Größe und ihre Bahnbewegung sind bekannt. Die meisten gehören zur gleichen Größenklasse wie der riesige Jupiter, da große Planeten leichter aufzuspüren sind als kleine. Tatsächlich leitet man die Existenz von Exoplaneten von ihrer Wirkung auf den Mutterstern ab: Entweder der Stern »taumelt«, sobald die Massenanziehungskraft unsichtbarer Gefährten auf ihn einwirkt, oder er verdunkelt sich in regelmäßigen Abständen, wenn seine Planeten vor ihm vorbeiziehen und sein Leuchten trüben. Gewiss umlaufen auch kleine Exoplaneten, die etwa die Größe von Mars oder Merkur haben, ferne Sonnen, doch da sie zu klein sind, um einen Stern abzulenken, lassen sie sich aus der Ferne nicht aufspüren.

Planetologen verwenden die Bezeichnung »Jupiter« mittlerweile als Gattungsbegriff; demnach steht »Jupiter« für »jeden großen Exoplaneten«, und die Masse eines extrem großen Exoplaneten lässt sich auch mit »drei Jupiter(massen)« (oder vier) angeben. Entsprechend wurde »eine Erde« zum schwierigsten, aber auch begehrtesten Ziel heutiger Planetenjäger, die Mittel und Wege ersinnen, um die Galaxis nach winzigen, zerbrechlichen Kugelkörpern zu durchmustern, vorzugsweise in den Farbtönen Blau und Grün, die auf Wasser und Leben hindeuten.

Auch wenn uns zu Beginn des einundzwanzigsten Jahrhunderts anderweitige Alltagssorgen in Beschlag nehmen mögen, so gilt doch festzuhalten, dass die voranschreitende Entdeckung neuer Planetensysteme außerhalb des Sonnensystems unseren Augenblick in der Geschichte definiert. Unser Sonnensystem wird dadurch nicht etwa als eines unter vielen trivial und belanglos, sondern erweist sich als Modell für das Verständnis einer Vielzahl neuer Welten. Mögen die Planeten ihre Geheimnisse auch der naturwissenschaftlichen Erforschung preisgeben und im Universum in vielfacher Ausfertigung vorkommen, so verliert ihr seit grauer Vorzeit andauernder Einfluss auf unser Leben dadurch doch nichts von seiner starken emotionalen Kraft, und alles, wofür die Planeten am irdischen Firmament je standen, wirkt in uns fort. Uralte Götter und auch Dämonen waren sie einst – und sind es noch –, Quellen inspirierenden Lichts, nächtliche Wanderer, der ferne Horizont heimatlicher Landschaft.

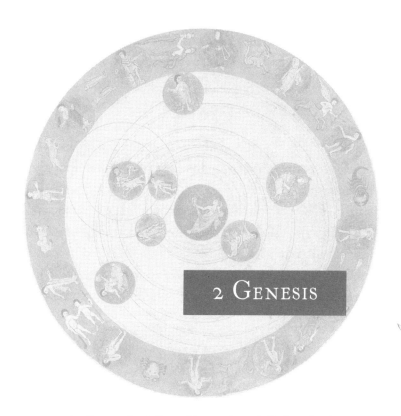

2 Genesis

»Im Anfang schuf Gott Himmel und Erde«, heißt es im Buch Genesis. »Und die Erde war wüst und leer, und es war finster aus der Tiefe; und der Geist Gottes schwebte über dem Wasser. Und Gott sprach: Es werde Licht! Und es ward Licht.«

Gleich am ersten Schöpfungstag durchflutete die göttliche Energie den neu erschaffenen Himmel und die Erde mit Licht. So durchdrang die mächtige Güte des Lichts die Abende und Morgen, als die Meere sich vom trockenen Land schieden und die Erde Gras und Obstbäume hervorbrachte – noch ehe Gott am vierten Tag die Sonne, den Mond und die Sterne ans Himmelsgewölbe setzte.

Das kosmologische Schöpfungsszenario lässt das Universum ebenfalls in einem gewaltigen Energieausbruch aus einer zeitlosen, finsteren Leere hervorgehen. Vor etwa 13 Milliarden Jahren, so die Kosmologen, brach das heiße Licht des »Urknalls« hervor und schied sich sofort in Materie und Energie. In den folgenden drei Minuten des Abkühlens wurden alle Atomteilchen im Universum ausgefällt, und zwar im ungleichen Verhältnis von 75 Prozent Wasserstoff und 25 Prozent Helium plus winziger Spuren einiger weniger anderer Elemente. Als sich das Universum mit exponentieller Geschwindigkeit in alle Richtungen ausdehnte und weiter abkühlte, strahlte es für mindestens eine Milliarde Jahre kein weiteres Licht aus, bis es die Sterne gebar und diese zu leuchten begannen.

Neue Sterne leuchteten auf, indem sie die Wasserstoffatome tief in ihrem Inneren so stark unter Druck setzten, dass diese schließlich, unter Freisetzung von Energie, zu Helium verschmolzen. Diese Energie strahlten die Sterne in Form von Licht und Wärme ab, während sich das Helium in ihrem Inneren anreicherte, bis es ebenfalls zu einem Brennstoff für Kernfusionsprozesse wurde und die Sterne Heliumatome zu Kohlenstoffatomen verschmolzen. In späteren Stadien ihres Lebenszyklus erzeugten die Sterne auch Stickstoff, Sauerstoff und sogar Eisen. Nachdem sie dann buchstäblich ausgebrannt waren, explodierten sie, wobei sie all die neuen Elemente in den Raum spien. Die größten und hellsten Sterne vermachten dem Weltall die schwersten Elemente, darunter Gold und Uran. So führten die Sterne das Schöpfungswerk weiter, indem sie eine breite Palette von Rohstoffen für künftige Verwendungszwecke hervorbrachten.

Während die Sterne den Himmel, der sie geboren hatte, bereicherten, gebar der Himmel neue Sternengenerationen, und diese Abkömmlinge besaßen genügend Material, um Nebenwelten zu formen, mit Salzmeeren und Schlammgruben, mit Bergen und Wüsten und Flüssen aus Gold.

Vor etwa fünf Milliarden Jahren entstand in einer spärlich besiedelten Region der Milchstraße unser Stern, die Sonne, aus einer riesigen Wolke kalten Wasserstoffs und alten interstellaren Staubs. Störungen, wie beispielsweise die Schockwelle einer nahen Sternenexplosion, müssen in dieser Wolke widergehallt und ihren Kollaps beschleunigt haben: Weit verstreute Atome ballten sich unter Einwirkung der Massenanziehung zu Klümpchen zusammen, die sich ihrerseits immer rasanter aneinander lagerten. Die plötzliche Kontraktion der Wolke ließ deren Temperatur ansteigen und versetzte sie in Rotation. Aus dem diffusen, kalten Schwaden war nun ein dichter, heißer, kugelförmiger »Proto-Sonnennebel« geworden, der kurz vor seiner Geburt als Stern stand.

Der Nebel flachte sich zu einer Scheibe mit einer zentralen Ausbuchtung ab, und hier, im Herzen der Scheibe, leuchtete die Sonne auf. In dem Moment, in dem die Sonne in dem mehrere Millionen Grad heißen Inferno ihres Kerns mit dem selbst verzehrenden Wasserstoffbrennen begann, brachte der nach außen gerichtete Energiedruck den Gravitationskollaps nach innen zum Stillstand. In den folgenden Jahrmillionen bildeten sich die übrigen Bestandteile des Sonnensystems aus dem rund um die Babysonne verbliebenen Gas und Staub.

Im Buch Genesis wird erzählt, wie der erste Mensch aus Erdstaub geformt und durch den Lebensodem beseelt wurde. Der allgegenwärtige Staub im frühen Sonnensystem – Kohlenstofftupfen, Silikonsprenkel, Ammoniakmoleküle, Eiskristalle – lagerte sich nach und nach zu »Planetesimalen« zusammen, kleinen meteorähnlichen Körpern, welche gleichsam die Kristallkeime oder Frühstadien der Planeten bildeten.

Selbst während ihres Wachstums aus eigener Kraft bewahrten die Planeten ihre Individualität, denn ein jeder reicherte die Stoffe in sich an, die gerade an seiner Position im Nebel vorhanden waren. An der heißesten Stelle nahe der Sonne formte sich Merkur aus größtenteils metallischem Staub, während Venus und Erde dort heranwuchsen, wo Steinstaub und Metalle in großer Menge vorhanden waren. Gleich hinter Mars bedienten sich Zehntausende felsiger »Planetesimale« aus den reichen Kohlenstoffvorkommen, doch es gelang ihnen nicht, zu einem größeren Planeten zusammenzuwachsen. Diese Haufen unvollendeter Welten, Asteroiden (Planetoiden) genannt, durchstreifen noch immer die breite Zone zwischen Mars und Jupiter, und ihr Revier, der »Asteroidengürtel«, kennzeichnet die große Scheide des Sonnensystems: Auf der sonnennahen Seite des Asteroidengürtels liegen die erdartigen Planeten. Auf der sonnenabgewandten Seite wuchsen die eisigen Gasriesen heran.

Die Planetesimale in größerer Entfernung von der Sonne und bei demzufolge niedrigeren Temperaturen nahmen große Mengen gefrorenen Wassers und anderer wasserstoffhaltiger Verbindungen auf. Der erste dieser Urkörper, der beachtliche Ausmaße erreichte, zog dann reichlich Wasserstoffgas an und schloss es in seinem Schwerefeld ein; so entstand Jupiter, der Mammutplanet, dessen Masse doppelt so groß

24

ist wie die aller anderen Planeten des Sonnensystems zusammengenommen. Auch Saturn blähte sich mit Hilfe von Gas auf. Noch weiter weg von der Sonne, wo der Staub sogar noch kälter und spärlicher war, dauerte die Entstehung der Planetesimale länger. Zu der Zeit, als Uranus und Neptun genügend Masse angesammelt hatten, um sich mit Wasserstoff aufzupolstern, hatte sich der Großteil dieses Gases bereits verflüchtigt. An jenem sonnenfernen Ort, an dem sich Pluto bildete, standen nur noch Gesteinstrümmer und Eisstücke zur Verfügung.

Während der Zeit, in der sich die Planeten bildeten, flogen kosmische Projektile wie Racheengel durch das junge Sonnensystem. Welten prallten zusammen. Eiskörper schlugen auf der Erde auf und setzten Ozeane voll Wasser frei. Riesige Felsbrocken ließen Feuer und Asche regnen. Bei einem solchen Kataklysma vor viereinhalb Milliarden Jahren bohrte sich ein rasendes marsgroßes Objekt (etwa halb so groß wie die Erde) in die Erde. Durch den Aufprall wurde schmelzflüssiger Schutt in den erdnahen Weltraum geschleudert, wo er sich in Form einer Scheibe sammelte, die eine Umlaufbahn um die Erde beschrieb, ehe sie sich abkühlte und als Mond verfestigte.

Kurz darauf, vor etwa vier Milliarden Jahren, endeten die »gewaltsamen« Anfänge des Sonnensystems mit einem abschließenden Ausbruch, der anschaulich als »das letzte schwere Bombardement« bezeichnet wird. In jener grauen Urzeit stürzten viele umherziehende Planetesimale in vorhandene Planeten, die sich diese sogleich einverleibten. Große Mengen anderer Kleinkörper wurden durch gravitative Wechselwirkungen mit den Riesenplaneten gewaltsam in ein fernes Niemandsland im äußeren Sonnensystem geschleudert.

Die junge Sonne beleuchtete die Planeten zunächst nur schwach, doch im Lauf der ersten zwei Milliarden Jahre ihres Daseins wurde sie dann in dem Maße, wie sich Helium in ihrem Kern anreicherte, allmählich immer heißer und strahlkräftiger. Gegenwärtig, in ihrem mittleren Lebensalter, nimmt die Leuchtkraft der Sonne weiterhin zu, während sie *jede Sekunde* 700 Millionen Tonnen Wasserstoff in Helium umwandelt. Trotz dieses gigantischen Verbrauchs gewährleisten die riesigen solaren Wasserstoffspeicher, dass die Sonne noch weitere drei bis fünf Milliarden Jahre zuverlässig Licht spenden wird. Doch in dem Maße, wie die Sonne schließlich auf Heliumbrennen umstellt, wird sie unvermeidlich so heiß werden, dass sie die Meere auf der Erde verdampfen lässt und das von ihr gestiftete Leben verglüht. Der für das Heliumbrennen erforderliche Temperaturanstieg um das Zehnfache wird dazu führen, dass die dann noch heißere Sonne rot wird und kräftig anschwillt, bis sie die Planeten Merkur und Venus verschlingt und die Erdoberfläche zum Schmelzen bringt. 100 Millionen Jahre später, wenn die Sonne noch mehr Helium zu Kohlenstoffasche abgebaut hat, wird sie ihre äußeren Schichten abstoßen. Ein größerer Stern könnte jetzt zum Kohlenstoffbrennen übergehen, doch unsere Sonne, nach kosmischen Maßstäben ein ziemlich kleiner Stern, wird dies nicht können. Stattdessen wird sie als Glut schwelen und ein verblassendes Licht auf die verkohlten Schlacken werfen, auf denen Gott einst unter den Menschen wandelte. Diese düstere Zukunft liegt allerdings in so weiter Ferne, dass den Nachkommen von

Adam und Noah reichlich Zeit bleibt, eine neue Heimstatt zu finden.

Die prächtige Sonne unserer Zeiten, Urmutter und Hauptenergiequelle der Planeten, birgt 99,9 Prozent der Masse des Sonnensystems. Auf alles andere – all die Planeten mit ihren Monden und Ringen und all die Asteroiden und Kometen – entfällt lediglich 0,1 Prozent. Dieses drastische Missverhältnis zwischen der Sonne und der Summe ihrer Begleiter definiert auch ihr Kräfteverhältnis, denn das allgemeine Gravitationsgesetz besagt, dass mehr Masse weniger Masse beherrschen soll. Die Massenanziehung der Sonne hält die Planeten auf ihren Umlaufbahnen und schreibt ihnen auch ihre Geschwindigkeit vor: Je näher sie der Sonne sind, desto schneller bewegen sie sich. Die Sonne ihrerseits beugt sich dem Willen der konzentrierten Sternmassen im Zentrum unserer Galaxie, der Milchstraße, und umläuft diese Massen alle 230 Millionen Jahre mitsamt ihren Planeten im Schlepptau.

Je nachdem, wie stark die Planeten die Anziehungskraft der Sonne (entsprechend ihrer Entfernung) verspüren, partizipieren sie an deren Licht und Wärme. Die Intensität der von der Sonne abgestrahlten Energie nimmt auf dem Weg durch den interplanetaren Raum ab. Daher glühen Teile des Merkurs bei 500 °C, während Uranus, Neptun und Pluto permanent tiefgefroren sind. Nur im milderen mittleren Abschnitt des Sonnensystems, bewohnbare Zone genannt, förderten die Gegebenheiten das Gedeihen »großer Walfische und allen Getiers, das da lebt und webt, davon das Wasser wimmelt, ein jedes nach seiner Art, und aller gefiederten Vögel, einen jeden nach seiner Art, ... der Tiere des Feldes, ein jedes nach seiner Art, und das Vieh nach seiner Art und alles Gewürm des Erdbodens ...«.

Die Planeten revanchieren sich für das Sonnenlicht, indem sie die Sonnenstrahlen reflektieren, und daher scheinen sie zu leuchten, obwohl sie selbst kein Licht ausstrahlen. Die Sonne ist der einzige Licht spendende Körper im Sonnensystem, alle anderen scheinen in ihrem hellen Abglanz. Selbst der volle Mond, der so viele liebliche Abende auf der Erde erhellt, verdankt sein silberfarbenes Licht den Sonnenstrahlen, die vom dunklen Mondboden zurückgeworfen werden. Vom Mond aus gesehen, leuchtet die Erde aus demselben Grund ebenso schön.

Das Spiel des Lichts, das die Venus – der sonnennahe und zugleich erdnächste Planet – zurückwirft, bewirkt, dass sie uns als der allerhellste Planet erscheint. Jupiter dagegen ist zwar viel größer, verblasst jedoch an unserem Nachthimmel, weil er viele Millionen Kilometer weiter entfernt liegt. Die noch sonnenferneren Welten Uranus und Neptun fangen trotz ihrer enormen Größe so wenig reflektierbares Licht ein, dass Uranus nur gelegentlich als winziger Lichtpunkt mit bloßem Auge wahrgenommen werden kann, Neptun gar nie.

Obgleich man auch Pluto nicht mit bloßem Auge sehen kann, werden manchmal andere Objekte am Rand des Sonnensystems plötzlich sichtbar. Bei einer Störung durch einen zufällig vorüberziehenden Himmelskörper kann ein Eisbrocken, der aus den Tiefen des Pluto herausgerissen und Richtung Sonne geschleudert wird, von einem trägen Klumpen in einen spektakulären *Kometen* verwandelt werden. Der gefrorene Körper aalt sich in der Sonne, erwärmt sich und zieht einen Schweif abströmender Gase und Eisstaubs hinter sich her, der im Sonnenlicht funkelt. Der Glanz schwindet und vergeht aber, sobald der Komet die Sonne umrundet hat und wieder ins äußere Sonnensystem zurückkehrt.*

Die Besuche von Kometen, lange als Zeichen und Wunder gedeutet, haben uns vor kurzem einen Eindruck vom wahren Ausmaß des Sonnenreichs vermittelt. Astronomen, die die sichtbaren Abschnitte der Kometenbahnen beobachteten und den Rest extrapolierten, konnten dadurch zeigen, dass zahlreiche Kometen von weit jenseits des Pluto auf Reisen gehen, von einem zweiten Kometenreservoir, das mehrere hundert Mal weiter von der Sonne entfernt ist. Trotz ihrer unvorstellbaren Entfernung gehören auch diese Körper noch zum Sonnenreich, unterliegen der Massenanziehung der Sonne und schimmern, wenn auch ganz schwach, in ihrem Licht.

Das Sonnenlicht, das mit der unvorstellbaren Geschwindigkeit von fast 300 000 Kilometern pro Sekunde durch den Raum schießt, braucht Äonen, um aus dem dichten, massereichen Inneren der Sonne hervorzubrechen. In der Nähe des Sonnenkerns, wo der zermalmende Druck der Materie das Licht wiederholt absorbiert und am Fliehen hindert, kommt das Licht nur wenige Kilometer pro Jahr voran. So ist das Licht vielleicht eine Million Jahre zur Konvektionszone der Sonne unterwegs, in der es auf Wirbeln aufsteigenden Gases eine schnelle Mitfahrgelegenheit zur Oberfläche

---

* Staubteilchen, die unentwegt von Kometen abströmen, sind überall im interplanetaren Raum verstreut, und wenn die Erde in einen Schwung davon hineingerät, verbrennen die durch die Atmosphäre trudelnden Partikeln und erscheinen als Sternschnuppen oder ganze Meteorschwärme.

wahrnimmt. Sobald diese Wirbel ihre Lichtfracht freigeben, sinken sie zurück ins Innere, um später mit neuer Fracht wieder aufzusteigen.

Die Licht abstrahlende, sichtbare Oberfläche der Sonne – die Photosphäre – brodelt wie ein Hexenkessel, der vor Energie überkocht. Gasblasen, die unter Freisetzung von Licht zerbersten, verleihen der Photosphäre einen körnigen Teint, hie und da gesprenkelt von paarweise auftretenden, unregelmäßig geformten dunklen Sonnenflecken mit schwarzen Zentren und grau schattierten Penumbren. Sonnenflecken kennzeichnen Zonen intensiver magnetischer Aktivität auf der Sonne, und ihre Dunkelheit kündet von ihrer relativen Kälte von etwa 4000 °K, im Vergleich zu den annähernd 6000 °K heißen umliegenden Zonen.* Die Sonnenaktivität steigt und fällt in Zyklen von durchschnittlich elf Jahren, und Sonnenflecken verschmelzen, bilden und vermehren sich im gleichen Rhythmus. Ihre Anzahl und ihre Verteilung schwanken gleichsam zwischen Hungersnot und Überfluss, von gar keinen Flecken bei einem »Sonnenminimum« oder nur wenigen Flecken, die die hohen Breitengrade der Sonne sprenkeln, bis hin zu einem »Sonnenmaximum« fünf bis sechs Jahre später, wenn Hunderte von Sonnenflecken sich in der Nähe des Äquators drängen. Obwohl Sonnenflecken sich scheinbar wie Wolken in der Photosphäre

---

* Grad K stehen für Kelvin und entsprechen Grad Celsius – fast der doppelte Wert von Grad Fahrenheit. Die Kelvin-Skala beginnt jedoch tiefer, bei −273 °C, dem »absoluten Nullpunkt«, an dem jegliche Bewegung zum Stillstand kommt, und sie ist nach oben offen, so dass sie sich gut für die Beschreibung der Temperatur von Sternen eignet.

zusammenballen und dahinjagen, werden sie in Wirklichkeit von der Rotation der Sonne in Bewegung versetzt.

Die Sonne dreht sich etwa im Verlauf eines Monats ein Mal um ihre Achse und setzt dabei die Drehbewegung fort, aus der sie hervorging. Da die Sonne eine riesige Gaskugel ist, dreht sie sich vielschichtig, wobei die einzelnen Schichten unterschiedlich schnell rotieren. Das Sonnenzentrum und seine unmittelbare Umgebung drehen sich als fester Körper mit einer bestimmten Geschwindigkeit. Die darüber liegende Zone dreht sich schneller, und noch weiter darüber wirbelt die sichtbare Photosphäre in mehreren unterschiedlichen Geschwindigkeiten, wobei sie am Sonnenäquator schneller ist als an den Polen. Diese mannigfaltigen Strömungsmuster wühlen die Sonne gewaltig auf, und die Folgen davon sind überall im Sonnensystem deutlich zu spüren.

Der »Sonnenwind«, eine heiße Abströmung geladener Teilchen, bläst aus der aufgepeitschten Sonne und belegt die Planeten mit einem konstanten Sperrfeuer. Ohne die Schutzhülle des irdischen Magnetfelds, das den größten Teil des Sonnenwinds ablenkt, könnte Leben nur im Meer diesem Ansturm standhalten. Von Zeit zu Zeit, besonders bei einem Sonnenmaximum, verstärkt sich der Sonnenwind durch jähe Stoßwellen energiereicherer Teilchen bei Sonneneruptionen, den so genannten *Flares*, oder durch riesige Fahnen ausgestoßenen Sonnengases. Solche Ausbrüche können unsere Kommunikationssatelliten lahmlegen und die Stromleitung in Versorgungsnetzen unterbrechen und dadurch einen Stromausfall verursachen. In geringeren Dosen dringen Sonnenwind-Partikel in die obere Atmosphäre an Nord- und Südpol ein und erzeugen dabei elektrische Ringströme, die Vorhänge farbigen Lichts über den Himmel treiben – die so genannten Nord- und Südlichter. Auch auf anderen Planeten erzeugt der Sonnenwind vielfarbige Auroren. Er zieht an Pluto vorbei bis zur Heliopause – der unentdeckten Grenze, wo der Einfluss der Sonne endet.

Von der Erde aus sehen wir die Sonne als strahlenden Kreis am Firmament, heller, aber nicht größer als der Vollmond. Die »zwei großen Lichter«, wie Sonne und Mond in der Genesis genannt werden, passen gut zusammen. Denn obwohl der Mond nur ein Vierhundertstel des Sonnendurchmessers von 1 609 344,00 Kilometern aufweist, ist er der Erde andererseits 400-mal näher. Diese unheimliche Koinzidenz, was Größe und Entfernung betrifft – dass also die Sonne etwa 400-mal so weit von der Erde entfernt ist wie der Mond und gleichzeitig den etwa 400fachen Durchmesser des Mondes aufweist –, versetzt den kümmerlichen Mond in die Lage, die Sonne zu verdecken, wenn die beiden Himmelskörper auf ihren Bahnen (für den irdischen Beobachter) am Himmelsgewölbe voreinander stehen.

Ungefähr ein Mal alle zwei Jahre wird ein schmaler Streifen Erde – manchmal eine gottverlassene, völlig unzugängliche Region, manchmal auch nicht – mit einer totalen Sonnenfinsternis beglückt. Dort brechen Abend- und Morgendämmerung dann zwei Mal am selben Tag an, und die Sterne zeigen sich, während die Sonne noch am Himmel steht. Die Temperaturen können mit einem Schlag um zehn bis zwölf Grad fallen und lassen selbst den abgestumpftesten Beobachter die kuriose Verwirrung von Vögeln und Säugetieren verstehen, die infolge der plötzlichen Dunkelheit mitten am Tag zu ihren Nestern oder Höhlen eilen.

Eine totale Sonnenfinsternis dauert niemals länger als sieben Minuten, da sich die Erde ständig um ihre Achse dreht und der Mond unentwegt auf seiner Bahn weiterzieht. Doch selbst eine nur sehr kurze totale Sonnenfinsternis ist für wissenschaftliche Expeditionen und neugierige Laien allemal Anlass genug, um die halbe Welt zu reisen, auch wenn sie schon einmal eine Sonnenfinsternis erlebt haben.

Während der totalen Finsternis, wenn der Mond einer rußigen Lache gleicht, die die leuchtende Sonnensphäre verdeckt, und der Himmel sich zu einem dämmrigen Blau verdunkelt, leuchtet die sonst unsichtbare prächtige Korona der Sonne auf. Perlen- und platinfarbene Streifen koronaler Gase umgeben die verschwundene Sonne wie ein gezackter Hof. Lange rote Bänder aus elektrisch geladenem Wasserstoff steigen hinter dem schwarzen Mond auf und tanzen in der schimmernden Korona. All diese seltenen, atemberaubenden Anblicke bieten sich dem bloßen Auge dar, da die totale Sonnenfinsternis der einzige Zeitpunkt ist, zu dem man die allmächtige Sonne betrachten kann, ohne Gefahr, geblendet zu werden.

Augenblicke später zieht der Mondschatten weiter, und die natürliche Weltordnung ist durch die gewohnte Gnade des vertrauten Sonnenlichts wiederhergestellt. Doch Beobachter der Sonnenfinsternis bewahren sich Visionen, als wären sie Zeugen eines Wunders gewesen. Ist es Zufall, dass der einzige bewohnte Planet des Sonnensystems den einzigen Satelliten besitzt, der exakt die richtige Größe hat, um das Schauspiel einer totalen Sonnenfinsternis zu bieten? Oder ist diese verblüffende Manifestation der verborgenen Pracht der Sonne Teil eines göttlichen Plans?

Merkur

3 MYTHOLOGIE

Die Planeten sprechen eine uralte mythische Sprache. Ihre Namen beschwören all das herauf, was noch vor Anbeginn geschichtlicher und naturwissenschaftlicher Überlieferung geschah, als Prometheus an einen Felsen im Kaukasus angekettet war, weil er das Feuer aus dem Himmel gestohlen hatte, und als Europa noch kein Kontinent war, sondern ein Mädchen, das von einem Gott geliebt wurde, der sie in Gestalt eines Stiers verführte.

Zu jenen Zeiten flog Hermes – oder Merkur, wie die Römer den griechischen Götterboten nannten – gedankenschnell auf göttlichen Botengängen, die ihm in den Annalen der Mythologie mehr Erwähnungen eintrugen als jedem anderen Olympier: Nachdem die Erntegöttin ihre einzige Tochter an den Gott der Unterwelt verloren hatte, wurde Merkur entsandt, um über die Rettung des Opfers zu verhandeln, und er brachte sie in einem goldenen, von schwarzen Pferden gezogenen Wagen heim. Als Amors Wunsch erhört wurde und Psyche Aufnahme unter den Unsterblichen fand, so dass er sie standesgemäß heiraten konnte, war es Merkur, der die Braut in den Palast der Götter führte.

Der Planet Merkur erschien den Griechen und Römern, wie auch heute noch dem bloßen Auge, stets nur am Horizont, wo er die Dämmerzone zwischen Tag und Nacht durchläuft. Der flinke Merkur kündigte entweder bei Tagesanbruch die Sonne an oder jagte ihr bei Einbruch der Dunkelheit hinterher. Andere Planeten – Mars, Jupiter, Saturn – konnte man monatelang die ganze Nacht am Himmel leuchten sehen. Doch Merkur floh immer aus der Dunkelheit ins Licht oder umgekehrt und entzog sich binnen einer Stunde dem Blick. Der Gott Merkur fungierte in gleicher Weise als Mittler, durchquerte das Reich der Lebenden und der Toten und führte die Seelen der Verstorbenen hinunter zu ihrer letzten Heimstätte im Hades.

Vielleicht wurde der Name des Gottes aufgrund des Mythos auf den Planeten übertragen, weil er des Gottes Eigenschaften widerspiegelte; vielleicht auch trug das beobachtete Verhalten des Planeten zur Legendenbildung über den Gott bei. So oder so war die Verschmelzung des Planeten Merkur mit dem Gott Merkur – und mit Hermes und vor diesem mit dem babylonischen Gott der Weisheit Nabū – im fünften Jahrhundert vor Christus besiegelt.

Merkur, der rank und wild entschlossen wie ein Marathonläufer ist, steht vor allem für Eile. Flügel an seinen Sandalen treiben ihn an, und die Flügel an seinem Hut sowie die Zauberkraft seines geflügelten Stabs verleihen ihm zusätzliche Spurtkraft. Zwar steht die Flinkfüßigkeit an der Spitze der Palette seiner Fähigkeiten, doch Merkur erlangte auch Ruhm als Riesentöter (er erschlug den tausendäugigen Argus) und als Gott der Musik (weil er die Leier erfand und sein Sohn Pan die Hirtenflöte in Mode brachte), als Gott des Handels und Beschützer der Handeltreibenden (daran erinnern Wörter, wie zum Beispiel »merkantil«), als Gott der Betrüger und Diebe (da er noch am Tag seiner Geburt die Rinderherde seines Halbbruders Apollon stahl), als Gott der Beredsamkeit (er gab Pandora die Sprache) wie auch der Hinterlist, des Wissens, des Glücks, der Straßen, der Reisenden, der jungen Männer im Allgemeinen und der Hirten im Besonderen. Sein mit zwei ineinander verschlungenen Schlangen verzierter Heroldsstab, der Caduceus, beschwor zu allen Zeiten Fruchtbarkeit, Heilung und Weisheit.

Merkur und seine Mitreisenden zogen Aufmerksamkeit auf sich, weil sie sich zwischen den Fixsternen bewegten. Dies trug ihnen die Bezeichnung *planetai* ein, was auf Griechisch »die Umherschweifenden« bedeutet. In derselben Sprache brachte die Regelmäßigkeit ihrer Bewegung »Kosmos« – Weltordnung – aus »Chaos« hervor und inspirierte ein ganzes Lexikon zur Beschreibung der Planetenpositionen. So wie die Namen der Götter nach wie vor an den Planeten haften, halten sich aus dem Griechischen stammende Termini wie »Apogäum«, »Perigäum«, »Exzentrizität« und »Ephemeriden« weiterhin im astronomischen Wortschatz. Die ersten Sternbeobachter, die solche Begriffe prägten, gehören zu den

Geistesgrößen der Antike, von Thales von Milet (624–546
v. Chr.), dem griechischen Begründer der Naturphilosophie,
der eine Sonnenfinsternis vorhersagte und nach dem Urstoff
der Welt fragte, bis zu Platon (427–347 v. Chr.), der glaubte,
die Planeten seien an sieben Kugelschalen (Sphären) aus
durchsichtigem Kristall angebracht, die ineinandergeschach-
telt seien und sich innerhalb der achten Sphäre der Fixsterne
drehten, und im Mittelpunkt des Ganzen stehe die fest ver-
ankerte Erde.* Aristoteles (384–322 v. Chr.) erhöhte später
die Zahl der Himmelssphären auf 54, weil dies den beobachteten Abweichungen der Planeten von ihren kreisförmigen
Bahnen besser Rechnung trug, und zu der Zeit, als Ptolemäus im zweiten Jahrhundert nach Christus die Astronomie
in ein System brachte, hatte man die Hauptsphären um ausgeklügelte kleinere Sphären erweitert, die »Epizykeln« und
»Deferenten«, die erforderlich wurden, um die beobachteten
komplexen Planetenbewegungen zu erklären.

»Dass ich sterblich bin, weiß ich, und dass meine Tage
gezählt sind«, heißt es in einem Epigraph zu Beginn von
Claudius Ptolemäus' bedeutender astronomischer Abhandlung, dem Almagest, »aber wenn ich im Geiste den vielfach
verschlungenen Kreisbahnen der Gestirne nachspüre, dann
berühre ich mit den Füßen nicht mehr die Erde: Am Tische
des Zeus selbst labt mich Ambrosia, die Götterspeise.«

Im ptolemäischen Weltmodell umkreist Merkur die orts-
feste Erde gleich hinter der Mondsphäre. Die Bewegungsenergie stammte von einer göttlichen Kraft außerhalb des

---

*   Die alten Griechen und Römer kannten sieben Planeten: Sonne,
    Mond, Merkur, Venus, Mars, Jupiter und Saturn.

Kugelschalensystems. Doch mehr als tausend Jahre später, als Kopernikus die Planeten 1543 neu ordnete, behauptete er: »So lenkt denn die Sonne gleichsam auf königlichem Throne hofhaltend die um sie kreisende Familie der Gestirne.« Ohne die Kraft, mittels deren die Sonne herrschte, genauer zu benennen, setzte Kopernikus die Planeten in der Reihenfolge ihrer Geschwindigkeit auf Kreisbahnen um die Sonne, wobei Merkur dem Sonnenfeuer am nächsten war, weil er sich am schnellsten bewegte.

Tatsächlich bestimmt Merkurs Sonnennähe sämtliche Zustandsgrößen dieses Planeten: nicht nur seine rasante Fortbewegung durch den Raum – das Einzige, was sich von der Erde aus leicht beobachten lässt –, sondern auch seine Oberflächentemperatur und Schwere sowie seine an Katastrophen so reiche Geschichte, aus der er relativ klein hervorging (mit lediglich einem Drittel des Erddurchmessers).

Die Anziehungskraft der nahen Sonne treibt Merkur mit einer mittleren Geschwindigkeit von 48 Kilometern pro Sekunde über seine Umlaufbahn. Bei dieser Umlaufgeschwindigkeit, die fast doppelt so groß ist wie die der Erde, benötigt Merkur für einen vollständigen Umlauf nur 88 Erdentage. Dieselbe gewaltige Massenanziehungskraft, die Merkurs Umlauf um die Sonne beschleunigt, bremst jedoch die Umdrehung des Planeten um seine eigene Achse. Da der Planet so viel schneller vorwärts rast, als er sich um sich selbst dreht, wartet jeder beliebige Ort auf der Oberfläche nach dem Sonnenaufgang ein halbes Merkurjahr (etwa sechs Erdwochen) bis zum vollen Mittagslicht. Am Ende des Jahres bricht dann schließlich die Abenddämmerung herein. Und wenn die lange Nacht begonnen hat, muss ein weiteres Merkurjahr vergehen, bis die Sonne wieder aufgeht. So eilen die Jahre dahin, während die Tage sich ewig hinziehen.

Merkur drehte sich höchstwahrscheinlich schneller um seine Achse, als das Sonnensystem noch jung war. Damals mochten seine Tage nur acht Stunden gedauert haben, und selbst ein kurzes Merkurjahr konnte Hunderte solcher Tage enthalten haben. Die von der Sonne verursachten Gezeiten im schmelzflüssigen Planeteninnern bremsten aber allmählich Merkurs Drehbewegung bis hin zu seiner gegenwärtigen langsamen Gangart.

Der Tag bricht über Merkur in weißglühender Hitze an. Der Planet hat keine Atmosphäre, die das frühe Morgenlicht zur rosenfingrigen Morgenröte Homer'scher Dichtkunst abmildern würde. Die nahe Sonne taumelt in den schwarzen Himmel und zieht dort mit fast dem dreifachen Durchmesser des vertrauten Gestirns, das wir von der Erde aus sehen, herauf. Ohne einen Schutzschild aus Luft, der sich um den Planeten legen und der Sonnenglut Einhalt gebieten könnte, werden manche Gebiete auf dem Merkur so heiß, dass Metall im Tageslicht schmilzt, während sie nachts auf fast 200 Grad unter den Gefrierpunkt abkühlen. Zwar wird der Planet Venus aufgrund seiner dicken Schicht atmosphärischer Gase insgesamt heißer, und Pluto bleibt aufgrund seiner Entfernung zur Sonne insgesamt kälter, doch auf keinem anderen Planeten des Sonnensystems kommen derart extreme Temperaturgegensätze vor.

Die drastischen Unterschiede zwischen Tag und Nacht sind der Grund für das Fehlen jahreszeitlicher Schwankungen auf dem Merkur. Auf dem Planeten gibt es keine Jahreszeiten, denn seine Achse steht senkrecht und ist nicht geneigt wie die der Erde. Licht und Wärme treffen immer frontal auf Merkurs Äquator, während der Nord- und der Südpol, die kein direktes Sonnenlicht erhalten, stets relativ frostig bleiben. Tatsächlich bergen die Polarregionen wahrscheinlich Eisvorkommen in Kratern, in denen von Kometen stammendes Wasser in ewigem Schatten als Eis konserviert bleibt.

Merkur entzieht sich für gewöhnlich der Beobachtung von der Erde aus, weil er sich im blendenden Schein der Sonne versteckt. Der Planet wird für das bloße Auge nur dann sichtbar, wenn seine Umlaufbahn ihn am irdischen Firmament weit nach Osten oder Westen von der Sonne wegführt. Während solcher »Elongationen« kann Merkur tage- oder wochenlang jeden Morgen oder Abend am Horizont stehen. Auch dann lässt er sich jedoch nur schwer beobachten, da der Himmel zu diesen Zeiten relativ hell und der Planet so klein und so weit entfernt ist. Selbst an der erdnächsten Position auf seiner Umlaufbahn trennen ihn noch immer 80 Millionen Kilometer von uns, was im Vergleich zur mittleren Entfernung des Mondes von 384 000 Kilometern eine riesige Distanz ist. Zudem verschmälert sich der beleuchtete Teil Merkurs bei der Annäherung an die Erde zu einer bloßen Sichel. Allein die akribischsten Beobachter können ihn erspähen, und das auch nur mit viel Glück. Kopernikus, dem sowohl das schlechte Wetter in Nordpolen als auch Merkurs Zurückgezogenheit bei seinen Sternbeobachtungen zusetzten, erging es noch schlechter als seinen frühesten Vorgängern. So klagte er in *De Revolutionibus*: »Die Alten hatten den Vorteil eines klareren Himmels; vom Nil – so sagt man – steigen nicht so dichte Dunstschwaden auf wie hier von der Vistula [Weichsel].«

Und über Merkur meinte Kopernikus seufzend: »Der Planet hat uns mit vielen Rätseln und großer Mühsal gequält, als wir seine Wanderungen erkundeten.« Als er die Planeten in dem heliozentrischen Weltsystem, so wie er es sich vorstellte, anordnete, machte er sich die Beobachtungen anderer – antiker wie zeitgenössischer – Astronomen zunutze. Allerdings hatte keiner von ihnen Merkur oft oder genau genug beobachtet, um Kopernikus bei der Berechnung seiner Umlaufbahn die erhoffte Hilfe zu sein.

Der dänische Perfektionist Tycho Brahe, der 1546, nur drei Jahre nach Kopernikus' Tod, geboren wurde, trug in der Sternwarte seines Schlosses auf der Insel Hven, wo er mit selbst entworfenen Instrumenten die Positionen eines jeden Planeten zu präzise verzeichneten Zeitpunkten maß, eine große Zahl – mindestens 85 – von Beobachtungsdaten über Merkur zusammen. Brahes deutscher Mitarbeiter Johannes Kepler, der diesen Beobachtungsschatz nach Brahes Tod in Besitz nahm, bestimmte bis 1609 die korrekten Umlaufbahnen aller Wandelsterne – »selbst bis zum Merkur«.

Kepler kam der Gedanke, dass er Merkur, der sich weiterhin am Horizont nur schwer ausmachen ließ, vielleicht hoch am Himmel erspähen könnte, und zwar bei einem seiner seltenen »Durchgänge«, wenn der Planet direkt über die Sonnenscheibe zieht. Wenn er, Kepler, dann das Bild der Sonne durch ein Fernrohr auf ein Blatt Papier projizierte, wo er es gefahrlos betrachten konnte, könnte er Merkurs dunkle Gestalt verfolgen, während sie im Verlauf mehrerer Stunden von einem Rand der Sonnenscheibe zum anderen zog. Im Jahr 1629 sagte Kepler einen solchen »Merkur-Durchgang« für den 7. November 1631 voraus, doch starb er ein Jahr vor dem Ereignis. Der Astronom Pierre Gassendi in Paris, der aufgrund Keplers Vorhersage darauf vorbereitet war, den Durchgang zu beobachten, rühmte das Geschehen überschwänglich in einer Allegorie voller mythologischer Anspielungen, als der Transit mehr oder weniger planmäßig eintrat und er allein – durch Wolken hindurch, die sich immer wieder dazwischenschoben – zu dessen Zeuge wurde.

»Dieser gerissene Cyllenius«, schrieb Gassendi, Merkur bei einem Namen nennend, der von dem arkadischen Berg Cyllene abgeleitet ist, wo der Gott geboren wurde, »hüllte die Erde mit Nebel ein und erschien dann flinker und kleiner als erwartet, so dass er entweder unbemerkt oder unerkannt vorbeiziehen konnte. Doch an die Schelmenstreiche gewöhnt, die er bereits als Säugling vollführte [Merkur stahl noch am Tag seiner Geburt Apollons Rinderherde], erwies uns Apollo eine Gunst und sorgte dafür, dass Merkur zwar beim Näherkommen unbemerkt blieb, aber nicht völlig unentdeckt abziehen konnte. Es war mir verstattet, ein wenig seine Flügelschuhe festzuhalten, als sie bereits davoneilen wollten ... Ich hatte mehr Glück als so viele Hermes-Beobachter, die vergeblich nach dem Transit Ausschau hielten, und ich sah ihn, wo ihn bisher kein anderer gesehen hatte, nämlich auf ›Phoebus‹ Thron, der von Brillanten funkelte‹.«*

Gassendis Überraschung über Merkurs frühes Auftauchen – um etwa neun Uhr vormittags und nicht, wie eigentlich vorhergesagt, um die Mittagszeit – veranlasste ihn nun jedoch nicht, Kepler zu verunglimpfen, hatte dieser den

---

* Gassendi zitiert hier aus Ovid, der den Sonnengott Apollo bei seinem anderen Namen, Phoebus, nennt.

Astronomen doch vorsichtshalber geraten, schon tags zuvor, am 6. November, nach dem Merkurdurchgang Ausschau zu halten, falls er sich bei seinen Berechnungen geirrt haben sollte. Aus demselben Grund sollten sie, falls sich am 7. nichts tat, am 8. ihre Wache fortsetzen. Gassendis Kommentar über Merkurs kleine Gestalt rief dagegen großes Erstaunen hervor. In seinem offiziellen Bericht betonte Gassendi, er sei überrascht gewesen, wie klein der Planet war, und habe den schwarzen Punkt daher zunächst als Sonnenfleck abgetan, um aber bald darauf zu erkennen, dass ein so geschwind dahineilender Himmelskörper nur der geflügelte Bote selbst sein könne. Gassendi hatte erwartet, Merkurs Durchmesser würde ein Fünfzehntel des Sonnendurchmessers betragen, so wie es Ptolemäus 1500 Jahre früher geschätzt hatte. Stattdessen stellte sich bei dem Durchgang heraus, dass Merkur nur einen Bruchteil dieser Größe aufwies – weniger als ein Hundertstel des scheinbaren Sonnendurchmessers. Das Fernrohr und die Tatsache, dass Gassendi Merkur als sich gegen die Sonne abhebende Silhouette sah, hatten den Planeten seines verschwommenen, vergrößernden Nimbus beraubt, den er normalerweise am Horizont besaß.

In den folgenden Jahrzehnten halfen auf verbesserten Teleskopen angebrachte präzise Messinstrumente den Astronomen, den Durchmesser des Merkurs in etwa auf die 4900 Kilometer zu schätzen, die heute als seine wahre Größe gelten, was weniger als einem Dreihundertstel des Sonnendurchmessers entspricht.

Ende des siebzehnten Jahrhunderts waren die geheimnisvollen beziehungsweise magnetischen Anziehungskräfte zwischen der Sonne und den Planeten durch die Massenanziehung (Gravitation) ersetzt worden, die Sir Isaac Newton 1687 in seinem Buch *Principia Mathematica* einführte. Newtons Infinitesimalrechnung und das allgemeine Gravitationsgesetz schienen den Astronomen die Herrschaft über die Himmelsgestirne selbst zu übertragen. Der Ort eines jeden Himmelskörpers ließ sich nun für jede Stunde jedes Tages exakt berechnen, und wenn beobachtete Bewegungen von den vorhergesagten Bewegungen abwichen, so waren die himmlischen Mächte womöglich gezwungen, einen neuen Planeten preiszugeben, der die Abweichung erklärte. So wurde Neptun 1845 mit Papier und Bleistift »entdeckt«, ein ganzes Jahr, ehe der ferne Himmelskörper erstmals durch ein Fernrohr erspäht wurde.

Derselbe Astronom, der die Existenz Neptuns am äußeren Rand des Sonnensystems zutreffend vorhersagte, wandte seine Aufmerksamkeit dann dessen innerem Bereich und Merkur zu. Im September 1859 verkündete Urbain J. J. Leverrier von der Pariser Sternwarte einigermaßen beunruhigt, dass das Perihel – der sonnennächste Punkt – der Umlaufbahn des Merkurs sich mit der Zeit leicht verschiebe und sich, anders als es die Newton'sche Mechanik verlangte, nicht immer exakt am selben Ort der Bahn befinde. Leverrier vermutete, dies hänge mit der Anziehungskraft eines anderen Planeten oder gar eines ganzen Schwarms kleiner Himmelskörper zwischen Merkur und der Sonne zusammen. Aus dem reichen Schatz mythologischer Namen schöpfend, nannte Leverrier diese unsichtbare Welt Vulcanus, nach dem Gott des Feuers und der Schmiedekunst.

Zwar wurde der unsterbliche Vulcanus lahm geboren und hinkte stets, doch Leverrier versicherte, seine Vulcanus-Welt würde sich auf ihrer Bahn viermal so schnell fortbewegen wie der Merkur und zweimal im Jahr an der Sonne vorbeiziehen. Alle Versuche aber, die vorhergesagten Durchgänge zu beobachten, schlugen fehl.

Als Nächstes suchten die Astronomen Vulcanus während der totalen Sonnenfinsternis im Juli 1860 am verdunkelten Tageshimmel im Umkreis der Sonne und dann abermals bei der Sonnenfinsternis im August 1869. Nach zehn Jahren erfolgloser Jagd war schließlich so viel Skepsis aufgekommen, dass der Astronom Christian Peters in Amerika spottete: »Ich werde mir nicht die Mühe machen, nach Leverriers mythischen Vögeln zu suchen.«

»Merkur war der Gott der Diebe«, spöttelte der französische Sternbeobachter Camille Flammarion, und »sein Gefährte stiehlt sich davon wie ein namenloser Meuchelmörder.« Dennoch ging die Suche nach Vulcanus auch nach der Jahrhundertwende weiter, und manche Astronomen grübelten selbst 1915 noch darüber nach, wo sich Vulcanus versteckt halten mochte; im gleichen Jahr verkündete Albert Einstein vor der Preußischen Akademie der Wissenschaften, die Gültigkeit der Newton'schen Mechanik ende dort, wo die Gravitation am stärksten sei. In unmittelbarer Nähe der Sonne, so Einstein, werde der Raum selbst durch ein starkes Gravitationsfeld gekrümmt, und jedes Mal, wenn Merkur auf seiner Wanderung in diese Region gelange, beschleunige er stärker, als es die Newton'schen Gesetze vorhersagten.

»Denk dir«, so Einstein in einem Brief an einen Kollegen, »meine Freude bei der Durchführbarkeit der allgemeinen Kovarianz und beim Resultat, dass die Gleichungen die Perihel-

Bewegungen Merkurs richtig liefern! Ich war einige Tage fassungslos vor freudiger Erregung.«

Nach Einsteins öffentlichen Erklärungen fiel Vulcanus gleichsam vom Himmel wie einst Ikaros, während Merkur neuen Ruhm erlangte, weil er unser Verständnis des Kosmos vorangebracht hatte.

Doch enttäuschte Merkur nach wie vor Sternbeobachter, die wissen wollten, wie er aussah. Ein deutscher Astronom behauptete, die Oberfläche des Merkurs werde gänzlich von einer dicken Wolkenschicht verhüllt. In Italien beschloss Giovanni Schiaparelli aus Mailand, den Planeten bei Tages, licht trotz der hellen Sonne hoch am Himmel aufzuspüren, in der Hoffnung, deutlichere Ansichten von seiner Ober, fläche zu erhalten. Schiaparelli richtete sein Fernrohr senk, recht nach oben in den Mittagshimmel und nicht waage, recht während der Morgen, oder Abenddämmerung. Auf diese Weise wich er den turbulenten Luftströmungen am Erdhorizont aus, und es gelang ihm, Merkur über mehrere Stunden hinweg im Auge zu behalten. Er begann 1881 mit seinen Beobachtungen, mied Kaffee und Whisky, damit sie ihm nicht den Blick trübten, und entsagte aus demselben Grund dem Tabak. Er beobachtete den Planeten hoch oben am Himmel bei all seinen Elongationen. Merkurs Blässe vor dem Tageshimmel vereitelte jedoch alle Bemühungen Schia, parellis, irgendwelche Merkmale der Oberfläche zu erken, nen. Nachdem er sich dieser Herkules,Aufgabe acht Jahre lang gewidmet hatte, konnte Schiaparelli lediglich von »ex, trem leuchtschwachen Streifen« berichten, die, wie er sagte, »nur mit größter Anstrengung und Konzentration ausge, macht werden können«. Er zeichnete diese Streifen, darunter einen, der aussah wie eine riesige Fünf, auf einer groben Karte der Merkuroberfläche ein, die er 1889 veröffentlichte.

Eine detailliertere Karte folgte 1934. Sie bildete den krönenden Abschluss der Beobachtungen, die Eugène Antoniadi über zehn Jahre am Meudon-Observatorium bei Paris durchführte. Wie Antoniadi selbst zugab, sah er kaum mehr als Schiaparelli, doch da er ein sehr guter Zeichner war und ein größeres Fernrohr besaß, konnte er die vagen Musterungen der Merkuroberfläche besser schattieren, und er benannte die Strukturen nach klassischen Merkurattributen: Cyllene (nach dem Berg, wo der Gott geboren wurde), Apollonia (nach seinem Halbbruder), Caduceata (nach seinem Zauberstab) und Solitudo Hermae Trismegisti – die Einöde des »Dreimalgrößten«. Zwar sind diese Anspielungen aus modernen Merkurkarten verschwunden, doch zwei markante Höhenzüge, die Raumsonden beim Überflug über den Merkur fotografiert haben, heißen nun »Schiaparelli« und »Antoniadi«.

Sowohl Schiaparelli als auch Antoniadi gingen in Anbetracht der Konstanz der Merkmale, die sie bei ihren stundenlangen Beobachtungen feststellten, davon aus, dass stets nur eine Seite des Merkurs sichtbar war. Sie glaubten, die Sonne habe eine strenge Zweiteilung seiner Oberfläche verfügt: Während die eine Halbkugel mit Hitze und Licht überflutet werde, verbleibe die andere in ständiger Dunkelheit. Auch viele ihrer Zeitgenossen und die meisten ihrer Nachfolger dachten bis Mitte der 1960er Jahre, dass auf der einen Hemisphäre Merkurs ewiger »Tag« herrsche und auf der anderen ewige »Nacht«. Doch die Sonne regiert die Drehung und Bahnbewegung des Merkurs nach einer anderen Formel:

Der Planet dreht sich alle 58,6 Tage um seine Achse. Diese Rotationsgeschwindigkeit steht in einem Resonanzverhältnis zu seiner Umlaufzeit um die Sonne: Merkur dreht sich auf je zwei Umläufen dreimal vollständig um seine Achse.

Diese 2:3-Resonanz wirkt sich auf irdische Betrachter dahingehend aus, dass Merkur ihnen sechs- oder siebenmal in Folge stets dieselbe Seite zeigt, wenn er sichtbar wird. Schiaparelli und Antoniadi beobachteten also tatsächlich eine gleichbleibende Merkuroberfläche, weshalb man ihnen nachsehen muss, dass sie falsche Schlussfolgerungen über seine Rotation zogen, da das Verhalten des Planeten sie in ihrem Irrtum bestärkte.

Das ganze zwanzigste Jahrhundert hindurch blieb Merkur ein schwieriges Beobachtungsziel, und das gilt auch heute noch. Selbst das Hubble-Weltraumteleskop, das seine Bahnen oberhalb der Erdatmosphäre zieht, vermied einen Blick auf Merkur, wollte man die empfindliche Optik doch nicht auf ein Objekt richten, das der Sonne so gefährlich nahe war, und nur ein einziges Raumschiff konnte bisher der lebensfeindlichen Hitze und Strahlung in der näheren Umgebung Merkurs trotzen.

Mariner 10, der »geflügelte« Bote der Erde zum Merkur, flog 1974 zweimal und 1975 ein weiteres Mal an dem Planeten vorbei. Die Sonde übertrug Tausende von Aufnahmen und Messdaten von einer Landschaft, die mit Einschlagkratern übersät ist, deren Größe von kleinen Schüsselmulden bis zu gigantischen Becken reicht. Helle oder dunkle Trümmerspuren kennzeichnen Stellen, an denen Einschläge der jüngeren Vergangenheit den Schutt älterer Impakte aufgewirbelt haben. Die zwischen Einschlagnarben geflossene

Lava glättete einige der Vertiefungen, doch insgesamt bewahrt der arme geschlagene Merkur deutliche Spuren jener
Zeit, die vor fast vier Milliarden Jahren endete, als Bruchstücke, die bei Entstehung des Sonnensystems übrig geblieben waren, die frisch entstandenen Planeten bedrohten.

Von dem heftigsten Angriff auf Merkur zeugt eine Narbe
mit einem Durchmesser von 1300 Kilometer, das so genannte
Caloris-Becken (»Hitzebecken«). Die bis zu 2000 Meter hohen Berge an den Rändern des Caloris-Beckens müssen bei
dem massiven Impakt, der das Becken aushob, aufgewuch-
tet worden sein, und im Umkreis von Hunderten von Kilometern um die Berge legen aufgefaltete Hügelketten und zer-
furchte Ebenen ebenfalls Zeugnis von dem zerstörerischen
Ereignis ab. Der Einschlag, der das Caloris-Becken aushob,
schickte zudem Schockwellen durch den dichten metallischen
Kern Merkurs und löste Beben aus, die die Kruste auf der
anderen Merkurseite anhoben und zerstückelten.

Montagen von Nahaufnahmen, die *Mariner 10* schoss
und die weniger als die Hälfte der Merkuroberfläche ab-
deckten, enthüllten ein Geflecht aus Böschungen und Ver-
werfungslinien, das darauf hindeutet, dass der Planet anfangs
größer war und später auf seine heutige Größe geschrumpft
ist. Als sich das Innere Merkurs zusammenzog, passte sich
die den Planeten umspannende Kruste an die plötzlich kleiner gewordene Welt an – so als wäre der Gott Merkur wie
durch einen Zaubertrick in ein neues Gewand geschlüpft.

Nach einer dreißigjährigen Unterbrechung in der Erkun-
dung Merkurs befindet sich nun eine neue Mission namens
MESSENGER (Akronym für MErcury Surface, Space EN-
vironment, GEochemistry and Ranging) – »Bote« – auf dem

Weg zu dem Planeten. Die Raumsonde startete im August 2004, doch da sie nicht so flink beziehungsweise geradlinig fliegen kann wie ihr Namensvetter, wird sie erst im Januar 2008 in der Nähe des Merkurs eintreffen. Sobald der Planet in Sicht kommt, beginnt MESSENGER damit, die Merkuroberfläche detailliert zu kartieren, wozu in den folgenden drei Jahren drei weitere Vorbeiflüge erforderlich sein werden, während die Raumsonde, geschützt durch einen Sonnenschutzschild aus Keramik, die Sonne umkreist. Im März 2011 schwenkt MESSENGER dann zum Zweck einer (in Erdzeit gemessen) jahrelangen Odyssee in eine Umlaufbahn um Merkur, um den Planeten für die Dauer von zweien seiner langen Tage zu beobachten. MESSENGER wird den Merkur in jeweils zwölf Stunden ein Mal vollständig umlaufen und wissbegierigen Wahrheitssuchern auf Erden lang ersehnte Antworten auf einige ihrer Fragen geben.

4 SCHÖNHEIT

Eine leichte Morgenbrise regt sich,
und der Liebesplanet hoch droben
schwindet im Licht, das sie liebt,
auf einem Bett aus Narzissenhimmel,
schwindet im Licht der Sonne, das sie liebt,
schwindet in seinem Licht und stirbt.
ALFRED LORD TENNYSON, »MAUD«

Bald »Morgenstern«, bald »Abendstern«, bildet der Planet Venus als hell leuchtendes Ornament das Präludium zum Sonnenaufgang beziehungsweise das Postskriptum zum Sonnenuntergang.

Monatelang steht Venus vor der Morgendämmerung über dem östlichen Horizont, wo sie über den Tagesanbruch hinaus verweilt und als letztes der nächtlichen Leuchtfeuer verblasst. Zu Beginn ihres morgendlichen Erscheinens ist sie der Sonne zeitlich und räumlich nahe, so dass sie in einem heller werdenden Himmel aufgeht. Doch mit dem Verstreichen der Tage und Nächte taucht sie früher auf, wagt sich weiter von der Sonne weg und geht schließlich bereits auf, wenn die Morgendämmerung noch fern ist. Endlich spannt sich der Strick, der sie bindet, die Sonne ruft sie zurück und lässt sie jede Nacht ein wenig später aufgehen, bis sie wieder die Morgendämmerung streift. Dann entschwindet die Venus für die Zeit, die sie benötigt, um hinter der Sonne vorbeizuziehen, gänzlich unserem Blick.

Nach durchschnittlich fünfzig Tagen kommt sie auf der gegenüberliegenden Seite des Firmaments, am Abendhimmel, wieder zum Vorschein, um sich für die nächsten Monate als Abendstern rühmen zu lassen. Sie wird schimmernd sichtbar, wenn die Sonne untergeht, und schwebt dann ganz alleine im Zwielicht. Bei den ersten Sonnenuntergängen badet die Venus im Abendrot des westlichen Horizonts, doch schließlich leuchtet sie bereits hoch am Himmel auf, wo sie den Einbruch der Nacht regiert. Wer weiß, mit wie vielen Kindheitswünschen dieser Planet überhäuft wird, ehe die zunehmende Dunkelheit die Sterne zum Vorschein bringt?

Du schönlockiger Engel des Abends,
Da nun die Sonne rührt ans Gebirg, entzünd uns
Die lichte Fackel der Liebe; setz dir die Strahlenkrone
Aufs Haupt und lächle herab auf unser abendlich Lager!

Lächle uns Liebenden zu, und während du fallen lässest
Die blauen Schleier des Himmels, tränke mit Silbertau
Jegliche Blume, die ihre Treuaugen schließt
Zu währendem Schlaf. Lass den Westwind entschlummern
Über dem See; gebiete Schweigen schimmernden Blicks
Und nässe die Dämmerung mit Silber.

WILLIAM BLAKE, »AN DEN ABENDSTERN«

Noch stundenlang leuchtet Venus heller als jedes andere
Licht am Nachthimmel, es sei denn, der Mond drängt sich
vor, um sie zu übertrumpfen. Der Mond wirkt größer und
heller, weil er etwa hundert Mal näher bei der Erde steht,
doch in Wirklichkeit ist die Venus weit größer und heller.
Die gelbweiße Wolkendecke der Venus reflektiert das Sonnenlicht viel wirkungsvoller als die dunkle, staubbedeckte
Oberfläche des Mondes. An die 80 Prozent des Lichts, das
die Sonne über die Venus ausgießt, werden von deren Wolkendecke reflektiert und streuen zurück in den Raum, wohingegen der Mond nur 8 Prozent des aufgenommenen Lichts
zurückstrahlt.

Die bemerkenswerte Leuchtkraft der Venus gewinnt
durch ihre Nähe zur Erde an Glanz. Bei ihrer größten Annäherung kommt die Venus bis auf 41 Millionen Kilometer
an die Erde heran – näher als jeder andere Planet. (Mars, der
zweitnachste Nachbar der Erde, hält stets mindestens 56
Millionen Kilometer Abstand.) Selbst wenn Venus und Erde
am weitesten voneinander entfernt sind und zwischen ihnen
mehr als 250 Millionen Kilometer liegen, behält die Venus
für den Betrachter auf der Erde ihr unübertreffliches Leuchten. Auf der Skala der »scheinbaren Helligkeit«, die Astro-

nomen für den Vergleich der relativen Leuchtstärke von Himmelskörpern benutzen, sticht Venus selbst die hellsten Sterne bei weitem aus.*

> Welch starke Lockung zieht, welch Kraft lenkt
> Dich, o Hesperos, erstrahlender noch, als würde
> Der Fleck noch liebreizender, je näher du des
> Menschen Heimstatt kommst,
> Nacht für Nacht?
> WILLIAM WORDSWORTH, »AN DEN PLANETEN VENUS«

Je näher die Venus der Erde kommt, desto heller leuchtet sie, was logisch erscheint. Während aber ihre Helligkeit zunimmt, verkleinert sich die Venus von einer voll beleuchteten Scheibe über eine beidseitig konvexe und eine Viertelscheibe hin zu einer Sichel. Wie der Mond scheint auch die Venus beim Durchlaufen ihrer Bahn ihre Form zu verändern, und wenn sie am Himmel ihre erdnächste Stellung erreicht und besonders strahlkräftig erscheint, ist nur noch etwa ein Sechstel ihrer sichtbaren Scheibe beleuchtet. Allerdings zieht die Erdnähe diese schmale Sichel stark in die Länge, so dass die scheinbare Helligkeit der Venus zunimmt, auch wenn diese immer schmaler wird und abnimmt.

---

* Die schwächsten, mit bloßem Auge gerade noch erkennbaren Sterne sind die Sterne 6. Größe. Sterne 1. Größe sind hundert Mal leuchtkräftiger, und die allerhellsten Sterne rangieren bei 0 oder sogar –1. Die helle Venus hat eine scheinbare Helligkeit von –4,6, der Vollmond von –12 und die Sonne von –27.

Die Venusphasen, gezeichnet von Galilei, der sie mit Hilfe seines Teleskops entdeckte.

Wenn man die Venus mehrere Monate lang allabendlich durch ein Fernrohr oder Fernglas betrachtet, sieht man, wie ihre Höhe und Helligkeit zunehmen, während ihre Scheibe kleiner wird, und umgekehrt. Ansonsten kommt wenig zum Vorschein, da ihre dichte Wolkendecke keines ihrer Oberflächenmerkmale preisgibt. Genau dieselben Wolken, denen sie ihre helle Strahlkraft verdankt, verschleiern sie zugleich.

Wer weiß, wohin er blicken muss, kann bisweilen das gleichmäßige weiße Licht der Venus vor dem hellblauen Hintergrund eines taghellen Himmels erkennen. So erspähte Napoleon die Venus, als er mittags vom Balkon des Palais du Luxembourg eine Ansprache hielt, und er interpretierte ihr Erscheinen bei Tag als (später erfüllte) Verheißung eines Siegs in Italien.

Wenn die Venus in mondlosen Nächten hell leuchtet, wirft ihr starkes Licht sanfte, unerwartete Schatten auf bleiche Mauern oder den Boden. Die schwache Silhouette eines Venusschattens, der sich der Entdeckung durch den direkten, farbempfindlichen Blick entzieht, enthüllt sich oft seitlichen Blicken, bei denen die Schwarz-Weiß-Schärfe des peripheren Sehens im Vordergrund steht. Doch wie eifrig man dem flüchtigen Venusschatten mit abgewandtem, gesenktem Blick auch nachjagen mag, die Suche kann sich trotzdem als vergeblich erweisen, während das blendende Licht des Planeten droben am Himmel wie zum Spott die Landescheinwerfer eines ankommenden Flugzeugs nachahmt und sogar Anlass zu Polizeiberichten über unidentifizierte Flugobjekte ist.

> Ich gratulier dir nicht mehr zu diesem Stern,
> Du empfängst die Schönheit von dort, wo du bist.
> Ihn so zu sehen, den Strahlenden und Einzigen
> Im Dämmerlicht, du denkst, es ist die Sonne,
> die nicht so sinkt, wie sie sinken sollte,
> im Himmel schrumpft sie dafür langsam ein,
> so klein, als wär' sie schon dahin,
> doch *da*, um Finsternis aufziehn zu sehen –
> wie eine Tote, der Gnadenfrist gewährt,
> gerade genug, zu sehen, wie sehr sie wird vermisst.
> Ich sah die Sonne nicht untergehen. Ging sie?
> Schwört jemand: Das ist es nicht …
> ROBERT FROST, »THE LITERATE FARMER AND THE PLANET VENUS«

In alten Sagen wurde die Schönheit des Planeten Venus gepriesen und Venus nicht nur zur Gottheit, sondern auch zur

Frau verklärt – vielleicht, weil ihre Besuche in der Regel bedeutungsschwangere neun Monate währten. Obwohl die Venus die Sonne in nur 224 Erdtagen umläuft, trägt die Umlaufbewegung der Erde ihrerseits mit zum beobachteten Verhalten der Venus bei. Von der sich bewegenden Erde aus gesehen, tritt die Venus im Schnitt 260 Tage lang entweder als Morgen- oder als Abendstern in Erscheinung, was mit der Dauer der Schwangerschaft von 255 bis 266 Tagen übereinstimmt.

Die Chaldäer nannten den Planeten Ishtar, nach der Liebesgöttin, die zum Himmel emporstieg, und für die semitischen Sumerer war sie Nin-si-anna, »die Herrin der Verteidigung des Himmels«. Ihr persischer Name, Anahita, stand für Fruchtbarkeit. Ihre Doppelnatur (Tagesanbruch und -ende) machte sie für ihre Anbeter bald zur Jungfrau, bald zum Vamp.

Ishtar verwandelte sich in Aphrodite, die griechische Göttin der Liebe und Schönheit. Aphrodite wiederum wurde zur römischen Venus, die der Historiker Plinius verehrte, weil sie lebensspendenden Tau versprüht habe, um das Geschlechtsleben der irdischen Geschöpfe anzuregen. In China vereinigte die Venus in sich das männliche und weibliche Geschlecht in Form eines Ehepaares, das aus dem Abendstern Tai-po und seiner Gattin, dem Morgenstern Nu Chien, bestand.

Nur die Maya und Azteken in Mittelamerika scheinen Venus durchgängig als männlich betrachtet zu haben, als Zwillingsbruder der Sonne. Das Resonanzverhältnis zwischen Venus und Sonne veranlasste diese Kulturen zu akribischen Himmelsbeobachtungen und komplizierten kalendarischen Berechnungen, gleichzeitig aber auch zu blutigen Ritualen anlässlich des Abstiegs des Planeten in die Unterwelt und seiner anschließenden Auferstehung.

Bei den nordamerikanischen Skidi Pawnee gehörten zur Venusverehrung auch Menschenopfer, die ihre Rückkehr sicherstellen sollten. Das letzte halbwüchsige Mädchen, das nachweislich bei einer solchen rituellen Opferung starb, wurde am 22. April 1838 entführt und feierlich getötet.

Als Symbol strahlender Schönheit erscheint Venus auf drei Gemälden Vincent van Goghs. In seiner *Sternennacht* vom Juni 1889, dem bekanntesten Beispiel, ist Venus als helles, tief stehendes Gestirn im Osten des Dorfs Saint-Rémy dargestellt; das Gemälde stammt aus der Zeit, als der Künstler wegen seiner Geisteskrankheit in der dortigen Irrenanstalt eingesperrt war. Kunsthistoriker und Astronomen haben Venus auch auf dem Gemälde *Straße mit Zypresse und Stern* ausgemacht, das van Gogh Mitte Mai 1890 vollendete, am Vortag seiner Entlassung aus der Heilanstalt Saint-Rémy. Wenige Wochen später malte van Gogh in Auvers-sur-Oise bei Paris, wo er in den beiden Monaten vor seinem Selbstmord achtzig Werke schuf, Venus ein letztes Mal, in einem strahlenden Lichtkranz, wie sie über dem Westkamin des *Weißen Hauses bei Nacht* schwebt.

Venus reist … doch meine Stimme versagt;
Grobe Verse verletzen ihre Schönheit,
  deren Brüste und Stirn, deren süßer Odem
  die Welten verzaubern.
C. S. Lewis, »Die Planeten«

Wenn je zwei Welten zum Vergleich einluden, dann die Zwillingsschwestern Erde und Venus, denn diese Planeten sind fast gleich groß und umlaufen die Sonne in ähnlichen Entfernungen. Frühe Entdeckungen über die Venus durch Sternbeobachter – vor allem die Entdeckung ihrer Atmosphäre durch den russischen Astronomen und Dichter Michail Lomonossow im Jahr 1761 – gaben den Anstoß zu weit verbreiteten Fantasievorstellungen über den Planeten, wonach er erdenähnliche Lebensformen in üppiger Mannigfaltigkeit berge.

Neuere Forschungen enthüllten jedoch bloß eklatante Gegensätze zwischen den beiden Planeten. Zwar wies die Venus wohl früher einmal viele gemeinsame Merkmale mit der Erde auf, darunter ausgedehnte Meere, doch ihr gesamtes Wasser verdampfte. Heute herrschen auf der Oberfläche der Venus unter einem düsteren Himmel, der das Licht abhält, doch die Wärme einfängt, eine Gluthitze und ein extrem starker Atmosphärendruck.

Die zehn russischen *Venera-* und *Vega-*Raumsonden, die zwischen 1970 und 1984 erfolgreich auf der Venus landeten, konnten gerade mal einige wenige Aufnahmen und Messungen machen beziehungsweise flink ein paar Proben aus der Umgebung ihres Landeplatzes nehmen, ehe ihnen die unwirtlichen Bedingungen den Garaus machten. Binnen einer Stunde nach der Landung schmolzen die Sonden entweder in der Hitze oder wurden durch einen atmosphärischen Druck zerquetscht, wie er auf der Erde 900 Meter unter dem Meeresspiegel herrscht.

Als man die tief greifenden Unterschiede zwischen Erde und Venus entdeckte, rief dies Erstaunen hervor, was sich bisweilen in moralischen Kategorien äußerte, so als habe die eine Schwester den rechten Weg gewählt, während die andere auf Abwege geriet. Dennoch hält die Venus, die ungeratene Schwester, für gedankenlose Menschen eine wichtige moralische Lehre bereit, denn ihre lebensfeindliche Umwelt beweist, dass sich selbst kleine atmosphärische Wirkungen mit der Zeit so aufschaukeln können, dass sie ein irdisches Paradies in ein Höllenfeuer verwandeln. In der Tat zielen viele gegenwärtige Studien über die Venus darauf ab, die Menschheit vor sich selbst zu retten, indem zum Beispiel untersucht wird, welche Schäden Chlorverbindungen in hohen Wolkenschichten anrichten können.

> Und bist du denn eine Welt wie die unsre
> Aus derselben Sphäre geschleudert, die auch unsre gebar,
> Ein geschmolzener Kiesel aus seiner Zone?
> Wie der glühende Sand die Feuerwellen
> Des lodernden Gestirns aufnehmen muss!
> So kurz deine Kette, dein Pfad so nah
> Deine den Flammen trotzenden Geschöpfe hören
> Den Mahlstrom der Photosphäre!
> OLIVER WENDELL HOLMES, »DER FLÂNEUR«*

Die Unterschiede zwischen Erde und Venus haben ihren Ursprung zweifellos in ihrer jeweiligen Jugend, als die Sonne

---

* Holmes, ein praktizierender Arzt und Professor für Anatomie an der Harvard-Universität, war außerdem Dichter, Essayist, Romancier und Amateurastronom. Er schrieb dieses Gedicht, nachdem er am 6. Dezember 1882 einen Venusdurchgang beobachtet hatte.

heißer auf die ihr nähere der beiden Schwestern brannte. Die Sonne erhitzte die Gewässer auf der Venus, bis sie in Dunstschwaden emporstiegen, bis Wasserdampf und der heiße Atem von Vulkanausbrüchen den Planeten einhüllten. Diese Gase wirkten dann wie das Glas eines Gewächshauses: Sie ließen zwar die Wärme der Sonne zur Venusoberfläche gelangen, aber keine Wärme entweichen. Statt sich im Weltraum zu verflüchtigen, wurde die Wärmestrahlung zur Venusoberfläche zurückgeworfen und heizte diese um weitere Hunderte von Graden auf.

Hoch über der Venusoberfläche spaltete das Sonnenlicht den Wasserdampf in seine Bestandteile Wasserstoff und Sauerstoff, und der leichtere Wasserstoff entwich der Anziehungskraft des Planeten. Der Sauerstoff blieb zurück; er verband sich erneut mit dem Oberflächengestein der Venus sowie mit Gasen, die von Vulkanen freigesetzt wurden, und bildete eine Atmosphäre, die fast gänzlich (zu 97 Prozent) aus Kohlendioxid besteht, dem wirksamsten und schädlichsten aller Treibhausgase. Obwohl heute nur eine geringe Menge der Sonnenenergie durch die Wolkendecke der Venus dringt und zu ihrer Oberfläche gelangt, hält der Treibhauseffekt die Oberflächentemperatur überall auf dem Planeten bei über 400 °C, auf der Tag- wie auf der Nachtseite und selbst an den Polen. Eis auf der Venus? Flüssiges Wasser? Unmöglich, wenngleich in der Atmosphäre Spuren von Wasserdampf enthalten sind.

Aufgrund des reichlich vorhandenen Kohlendioxids übersteigt der Atmosphärendruck auf dem heißen Venusboden den an der Erdoberfläche um das Neunzigfache. Auf und knapp über der Oberfläche, wo die russischen Forschungsroboter ihre kurzen Untersuchungen durchführten, ist die Venusluft dicht, aber klar, so dass die Kameras an Bord der Raumsonden trotz des schwachen Lichts den Horizont deutlich abbilden konnten. Alles Licht war rot. Da nur das Licht im roten Wellenlängenbereich die Wolkendecke durchdringt, präsentiert sich die Landschaft als ein einfarbiges Gemälde in den Sepiatönen alter Fotografien. Wenn die Nacht auch noch dieses spärliche Licht wegnimmt, leuchtet die Landschaft im Dunkeln. Die rot erhitzten Felsbrocken, die durch die Wärme und den Druck der Umgebung halb auf ihren Schmelzpunkt erhitzt werden, erinnern an die Glut eines Feuers.

Gut 30 Kilometer über der Oberfläche beginnen die 25 Kilometer dicken Wolkenschichten, die eine lückenlose Decke bilden. Sie verhindern, dass sich die Sonne im Lauf eines langen Venustags jemals zeigt. Der Planet dreht sich so langsam, dass ein einziger Tag, und zwar nur die Zeit von Sonnenauf- bis Sonnenuntergang, so lange dauert wie zwei Monate auf der Erde. Während die Stunden vergehen, breiten sich diffuse Anzeichen von Sonnenlicht langsam von Horizont zu Horizont aus, doch selbst die hellsten Tagesstunden sind so düster wie der irdische Abend. Und in der Nacht lässt die ewige Wolkendecke am Venushimmel keine Sterne oder Planeten erscheinen.

Venuswolken bestehen aus großen und kleinen Tröpfchen echten Vitriols – Schwefelsäure und anderen ätzenden Chlor- und Fluor-Verbindungen. Sie schlagen sich als steter saurer Regen nieder, die so genannte *Virga* (Fallstreifen), der in der glühend heißen Venusluft verdampft, noch ehe er den Boden erreicht.

Astronomen vermuten, dass die Wolken nach jeweils

mehreren Hundert Millionen Jahren durch den atmosphärischen Eintrag frischen Schwefels, der bei einer globalen tektonischen Umbildung der Venusoberfläche freigesetzt wird, neu geschaffen werden, andernfalls verziehen sie sich wahrscheinlich nie.

Im ultravioletten Licht lassen sich in der obersten Wolkenschicht der Venusatmosphäre dunkle Wirbel erkennen, die sich rasch verändern und damit enthüllen, mit welch hoher Geschwindigkeit – etwa 350 Stundenkilometer – die Wolken durch die Atmosphäre ziehen, so dass sie, getragen von diesen rasanten Winden, die Venus in vier Erdtagen vollständig umkreisen. Weiter unten in der Atmosphäre lassen die Winde allmählich nach, bis sie schließlich an der Oberfläche mit drei bis sechs Stundenkilometern eher sanft über den Planeten streichen als blasen.

Ob schnell oder langsam, die Winde wehen stets westwärts, also in Drehrichtung der Venus. Im Unterschied zu allen anderen Planeten dreht sich die Venus nach Westen, obwohl sie zusammen mit ihnen die Sonne in östlicher Richtung umläuft. Könnte man auf der Venus die Sonne aufgehen sehen, so würde der Aufgang im Westen und der Untergang im Osten erfolgen. Astronomen führen die Rückwärtsdrehung auf eine gewaltige Kollision in der Frühgeschichte des Planeten zurück, die der Venus einen gegensinnigen Drehimpuls gab. Ein solcher Einschlag könnte auch die äußerst geringe Rotationsgeschwindigkeit erklären; vielleicht ist es aber auch die Sonne, die die Drehbewegung des Planeten behindert, indem sie im riesigen Ozean der Venusluft Gezeiten hervorbringt.

Tief drinnen in dieser
libidinösen Albedo
sind die Temperaturen heiß genug,
um Blei zum Kochen zu bringen,
der Druck
ist 90-mal stärker
als auf der Erde.
Und obwohl dicke Wolkenlagen
und Dunstschichten
zu atmen scheinen
wie ein Riese brüllt,
würgend und seufzend
alle 4 Tage,
ist das venerische Gespinst
keine frohe Schmetterlingspuppe,
die eine Schlankjungfer ausbrütet
oder Leben
in eine schweigsame Larve bringt,
sondern eine schniefende Atmosphäre
40 Meilen dick
aus Schwefelsäure, Salzsäure
und Flusssäure,
alle ausschwitzend
wie ein globales Terrarium,
gnadenlos, beißend, und selbstversunken.

DIANE ACKERMAN, »VENUS«

Nachdem sie sich eine Ewigkeit unter ihrer brodelnden
Atmosphäre versteckt hatte, gab die Venusoberfläche ihre
Geheimnisse auf Radaraufnahmen preis, die mit Hilfe irdi-

scher Teleskope und einer Reihe venusumkreisender Raumsonden gemacht wurden. Das leistungsfähigste dieser Erkun-
dungsfahrzeuge, die Sonde *Magellan*, umrundete die Venus
ab dem Jahr 1990[*] vier Jahre lang achtmal täglich. *Magellan*
wandelte das verschwommene Antlitz des Planeten in markante Gesichtszüge um, von denen sich die meisten als viel-
gestaltige Vulkane auf lavaüberfluteten Ebenen erwiesen.

Als *Magellan* plötzlich Millionen von Oberflächenstruk-
turen zum Vorschein brachte, löste dies eine Krise in der
astronomischen Nomenklatur aus. Die Internationale Astronomische Union reagierte darauf mit einem Benennungs-
system, das ausschließlich aus weiblichen Namen bestand,
die sich aus Göttinnen und Riesinnen sämtlicher Kultur-
kreise und Epochen sowie zusätzlich aus verbürgten und frei
erfundenen Heldinnen rekrutierten. So erhielten die Venus-
hochländer, die Gegenstücke zu den Kontinenten auf der
Erde, die Namen von Liebesgöttinnen – Aphrodite Terra,
Ishtar Terra, Lada Terra –, und die Hunderte von Hügeln
und Tälern wurden nach Fruchtbarkeits- und Meeresgöttinnen benannt. Große Krater gedenken bedeutender Frauen
(darunter der amerikanischen Astronomin Maria Mitchell,
die 1882 am Observatorium des Vassar College den Venusdurchgang fotografierte), während kleine Krater gängige

---

[*] Die Raumsonde wurde nach dem portugiesischen Entdecker Ferdinand Magellan benannt, der die erste Weltumseglung plante
und 1519 mit fünf Schiffen von Spanien aufbrach. Magellan starb
zwar unterwegs bei einer kriegerischen Auseinandersetzung auf
den Philippinen, doch eines seiner Schiffe und dessen stark dezi-
mierte Mannschaft erfüllten seine Mission und kehrten 1522 nach
Spanien zurück.

Mädchennamen tragen. Die Steilhänge auf der Venus erinnern an sieben Göttinnen des Herdfeuers, kleine Hügel an
Meeresgöttinnen, Gebirgszüge an Himmelsgöttinnen, und so
geht es weiter über Tiefebenen, die nach weiblichen Gestalten aus Mythen und Sagen wie Helena und Ginevra benannt wurden, bis hinunter zu den Canyons, die die Namen
von Mond- und Jagdgöttinnen tragen.

Der einzige männliche Name auf der Venuskarte - die
Hochgebirgskette Maxwell Montes - gehört dem schottischen Physiker James Clerk Maxwell, der im neunzehnten
Jahrhundert bahnbrechende Arbeiten zur elektromagnetischen Feldtheorie verfasste. Als die weit über 8000 Meter
hohen Gipfel in den 1960er Jahren von der Erde aus mit
der Radartechnik, die auf Maxwells Erkenntnissen basierte,
sichtbar gemacht wurden, schien es angebracht, diesen Ge-
birgszügen seinen Namen zu geben. Nach ihrer Entdeckung
blieben die Maxwell Montes mehrere Jahrzehnte lang die
einzige eponyme Struktur auf dem Planeten, während man
die tieferen Regionen zu beiden Seiten des Bergrückens
schlicht als Alpha Regio und Beta Regio (Region »A« und
Region »B«) bezeichnete. Als *Magellan* dreißig Jahre später eintraf und die von ihr entdeckten Strukturen nach bedeutenden und unbedeutenden, historischen und fiktiven
Frauen benannt wurden, wollte niemand Maxwell von dem
ihm rechtmäßig zustehenden Platz auf der Venus verweisen.

Ja, die Gesichter in der Menge
Und die erwachten Echos, herabblickend
Vom Berg mit felsiger Stirn,
Und die im Wasser tanzenden Lichter –

Jedes meinen schweifenden Sinn entzückend,
Werfen die Gedanken laut mir zurück,
Verstärken all die Freuden der Wahrheit
Zerquetschen alles, was mich stolz macht.

JAMES CLERK MAXWELL, »REFLEX-BETRACHTUNGEN:
REFLEXIONEN AN DIVERSEN OBERFLÄCHEN«*

Magellans Radaraufnahmen erinnern an nächtliche Luft-
bilder eines Aufklärungssatelliten, nur dass sie keine Fotos
sind, sondern mit ihrem Schwarz und Weiß die mannigfaltigen Strukturen von Venus' entblößter Schönheit widerspie-
geln: Hunderttausende kleiner Venusvulkane heben sich als
helle (grobe) Höcker gegen den dunklen (glatten) Hintergrund der Ebenen ab. An den Flanken riesiger Vulkane legen sich helle (neue) Lavaschichten über die dunklen (alten)
Ströme. Berglehnen, die auf den Radaraufnahmen gestochen
scharf hervortreten, wirken wie fein bossierte Verzierungen,
die mit einem reflektierenden Überzug aus Metall versehen
wurden, vielleicht aus Katzengold, der bei den kühleren
Temperaturen in einigen Tausend Metern Höhe dem Venus-
gestein anhaftet.

Auf diesen Stichen offenbart Venus ihre einzigartigen,
skurrilen Merkmale, wie zum Beispiel ineinander übergehen-
de »Pfannkuchen-Vulkane«, die von einer erstaunlich runden
Basis zu flachen oder sanfthügeligen Gipfeln aufsteigen, und
zahlreiche »Coronae« – konzentrische Ringstrukturen, die
viele Domvulkane, Senken und unzählige kleine Vulkane auf

---

* Der Physiker schrieb nebenbei Gedichte, von denen 43 veröffentlicht wurden.

der Venus kunstvoll einfassen. Dahinschießende Lavaströme hoben die langen flussartigen Kanäle aus, die sich durch ihre weitläufigen Ebenen winden. Auf den Hochplateaus haben tektonische Auffaltungen und Verformungen mehrere tausend Quadratkilometer Venusboden mit parkettähnlichen Mustern verziert, den so genannten Tesserae. Plastische Muster in den erstarrten Lavastromfeldern und dem zerklüfteten Boden, die Astronomen an Seeanemonen und Spinnennetze erinnerten, wurden zu »Anemonenvulkanen« und »Arachnoiden«.

Nachdem Venus-Experten eine ganze Galerie von Radarporträts zusammengestellt hatten, reicherten sie viele der Bilder mit Farbe an, um eine bessere Auflösung zu erhalten. Sie wählten eine braungelbe Farbskala und begannen mit dem rotbraunen Farbton der ersten, von der russischen Raumsonde *Venera* aufgenommenen Fotos, dann machten sie mit Ocker, Umber, Rotbraun, Kupferbraun, Kürbisbraun und Gold weiter. Die leuchtenden Farben passen zu der versengten Landschaft, zu dem Gestein, das bei Vulkanausbrüchen als Lava ausgespien wurde und seine plastische Konsistenz bewahrt hat, zu den Massiven, die sich hoch auffalten, ohne je härter als Toffee zu werden. Strahlende Farben passen zum jugendlichen Antlitz eines Planeten, der sich erst in jüngerer Vergangenheit (in den letzten 500 Millionen Jahren) mit wahren Lavafluten voll pflasterte, die aus dem Innern herausquollen und nahezu alle Spuren (85 Prozent) aus der Vorzeit der Venus überdeckten.

Vergleichsweise wenige Krater verunstalten das neue Gesicht der Venus, da die Kraterbildung in den letzten 500 000 Jahren im Vergleich zur Anfangszeit des Sonnensystems stark zurückgegangen ist. Viele kleine Meteoroiden verdampfen auf ihrem Weg durch die dichte Atmosphäre, und nur die größten kosmischen Wurfgeschosse erreichen unversehrt die Oberfläche. Bei ihren Einschlägen werden große Mengen Gesteinstrümmer hochgeschleudert, doch sie fallen schon bald wieder zur Oberfläche zurück und umschließen die Kraterränder wie hübsche Girlanden, als würden sie von dem hohen Atmosphärendruck dort festgehalten. Die Atmosphäre dämpfte womöglich auch die Heftigkeit der Vulkanausbrüche auf der Venus, indem sie die ausgestoßene Lava dazu zwang, zu fließen und zu strömen, statt mit explosiver Kraft hervorzubrechen.

Auch wenn die Sonde *Magellan* in den Jahren, in denen sie die Venus beobachtete, keine Lavaausflüsse registrierte, könnten einige der Vulkane durchaus aktiv sein. Eben in diesem Moment könnten aus Venusfumarolen zischende Schwefelgase zu den Wolken über dem Planeten aufsteigen, sie stärken und erhalten und so gewährleisten, dass die Venus für uns weiterhin hell leuchtet. Diese strahlende Erscheinung unbefleckbarer Reinheit machte die Venus einst zum Liebling der Dichter, deren Worte immer noch am besten ausdrücken, wie sie am samtblauen Nachthimmel auf uns wirkt. Doch neue Oden an die Venus, inspiriert durch kenntnisreiche Eindrücke von ihrer wilden Schönheit, werden sich vermehrt natürlicher prosaischer Sprachrhythmen bedienen und vielleicht ganz auf Reime verzichten müssen.

5 Geographie oder

Wie man ein Planet wird

Wer eine Weltkarte zeichnen möchte, beginne in der Mitte des Universums. Dort jedenfalls setzt der Astronom Claudius Ptolemäus an, als er im zweiten Jahrhundert nach Christus seine Erdbeschreibung in Angriff nimmt. Nachdem er im Jahr 150 bereits sein berühmtes Astronomiebuch, den *Almagest*, vollendet hat, wendet sich Ptolemäus dem Problem zu, die 8000 damals bekannten Orte auf der Erde in ihrer richtigen Position zueinander anzuordnen. Doch kann er kaum versucht haben, den Boden zu kartieren, ohne zuvor den Himmel zu meistern, da er auf die Sonne und die Sterne angewiesen ist, um alle irdischen Punkte richtig verorten zu können. Ptolemäus weiß, dass es ohne Astronomie keine Geographie geben kann.

Ptolemäus würde gern sehen, in welche Richtung an bestimmten Tagen im Jahr jeweils zur Mittagszeit in fernen Metropolen sein Schatten fällt, möchte beobachten, welche Sternbilder dort nachts im Wechsel der Jahreszeiten am Himmel erscheinen, möchte aufzeichnen, ob die Planeten direkt durch die Himmelsmitte ziehen oder schräg am Himmel emporsteigen. Doch ach, so weit kommt er nicht. Obwohl die Himmelssphären regelmäßig Sonne, Mond, Planeten und tausend Sterne in sein Blickfeld drehen, entziehen sich ihm die Enden der Welt.

Gleichsam angebunden an seinen Kartentisch in Alexandria, erforscht Ptolemäus die Welt mit Hilfe der Werke früherer – oft nachlässiger – Kartographen und fantasievoll ausgeschmückter Reiseberichte. So berichten beispielsweise römische Offiziere, um von Libyen aus in jenes Land zu gelangen, »wo sich die Rhinozerosse sammeln«, sei ein Gewaltmarsch von drei – oder vier – Monaten erforderlich, doch machen sie keinerlei Angaben über die Anzahl der unterwegs eingelegten Rasttage oder auch nur die genaue Richtung, die sie einschlugen.

Wenn doch wenigstens diejenigen, die Gelegenheit zum Reisen hätten, klagt Ptolemäus in seiner *Geographia* – seiner Anleitung für Kartographen –, auf astronomische Orientierungspunkte achten würden! Mondfinsternisse, die möglicherweise alle sechs Monate auftreten, seien ein probates Mittel, auf einen Schlag ganze Reihen von Örtlichkeiten östlich oder westlich voneinander festzumachen. Leider, so stellt Ptolemäus fest, blieb dieser potenzielle Segen für die

Kartographie in den letzten 500 Jahren ungenutzt – seit der Mondfinsternis am 20. September 331 v. Chr., als Alexander der Große dem Perserkönig Dareios auf dem Schlachtfeld gegenüberstand. Beobachter sichteten die denkwürdige Mondfinsternis in der zweiten Abendstunde über Karthago und weiter östlich in der assyrischen Metropole Arbela zur fünften Stunde. Aus dieser Tatsache leitete Ptolemäus die Entfernung zwischen den beiden Städten (zutreffend) ab: 45 Längengrade.*

Zur Abschätzung der Breitengrade nördlich und südlich des Äquators zählt Ptolemäus die Sterne – diejenigen, die in einem bestimmten Gebiet im Lauf eines Jahres zu unterschiedlichen Zeiten auf- und untergehen, solche, die weder auf- noch untergehen, doch stets bei Einbruch der Dunkelheit erscheinen, und schließlich die Sterne, die nie sichtbar werden, obwohl sie andernorts wohlbekannt sind. Auf der Insel Thulē (vermutlich die heutigen Shetland-Inseln) zum Beispiel, weit oben auf 63 Grad Nord, wo der längste Tag volle zwanzig Stunden dauert, sieht zur Sommersonnenwende niemand die Rückkehr des Sirius, die in Ägypten als Zeichen der beginnenden Nilschwemme gilt.

Ptolemäus schätzt, dass die Erde einen Umfang von knapp 30 000 Kilometern hat. Sein Vorgänger Eratosthenes veranschlagte diesen im Jahr 240 v. Chr. großzügiger auf 40 000 Kilometer, als er am Tag der Sommersonnenwende die Schattenlängen in zwei Städten am Nil verglich, doch Ptolemäus

---

* Da die Erdkugel sich in 24 Stunden um 360° dreht, errechnet Ptolemäus die stündliche Zeitdifferenz als 360 geteilt durch 24, gleich 15 Längengrade.

gibt dem jüngeren Werk des Poseidonios den Vorzug, der um 100 v. Chr. wirkte und aus seinen Sternbeobachtungen auf eine geringere Erdgröße schloss.

Ptolemäus' *Geographia* enthält Anleitungen für die Anfertigung von Globen sowie von kartographischen Abbildungen. Die »bekannte Welt«, wie Ptolemäus sie nennt – oder die »bewohnte Welt« oder die »Welt unserer Zeit« –, nimmt jedoch nur eine halbe Hemisphäre ein. Sie erstreckt sich von den Blest-Inseln vor der Westküste Afrikas nach Osten, über »Indien jenseits des Ganges« bis nach »Sera«, wo die Seidenstraße endet, und von den »Ländern der unbekannten Skythen« nahe der Ostsee nach Süden bis zum Zusammenfluss des Blauen und des Weißen Nils. Jenseits dieser Grenzen der vertrauten Welt tauchen in Ptolemäus' Abbildung des unteren Afrikas immer mehr weiße Stellen auf, je näher es dem Äquator geht, und der Kontinent wird am Wendekreis des Steinbocks sogar gänzlich zu einer vagen Terra incognita, die sich nach unten bis über die Südgrenze der Karte erstreckt und dann wieder ansteigt, um am fernöstlichen Rand des Indischen Ozeans auf China zu treffen. Es ist eine gänzlich von Land umschlossene Welt, deren Buchten und Meere alle von Königreichen und Satrapien umgeben sind, denn keiner von Ptolemäus' Gewährsleuten gelangte per Schiff weit genug, um die tatsächlichen Ausmaße der Ozeane zu erkennen.

»Auf allen Gebieten, auf denen man noch nicht über vollständiges Wissen verfügt«, so Ptolemäus in seiner *Geographia*, »weil sie zu weitläufig sind oder nicht gleich bleiben, macht der Lauf der Zeit weit präzisere Untersuchungen möglich, und so verhält es sich auch mit der Kartographie der Welt.«

Das Verstreichen von tausend Jahren verändert die Form der Weltkarte: aus Ptolemäus' Vision wird ein Kreis mit Jerusalem als Mittelpunkt. Nun erlegt der Himmel der Geographie ein neues Zentrum auf und leitet Pilger und Kreuzfahrer ins Heilige Land. Bei Ptolemäus war der Globus noch gen Norden nach oben ausgerichtet, die neue Welt dagegen, wie sie von der katholischen Kirche gesehen wurde, machte eine Vierteldrehung gegen den Uhrzeigersinn, so dass nun Osten obenauf war.

Diese weit verbreitete Darstellung, die mittelalterliche »Mappa Mundi«, gliedert sich in drei ungleiche Teile, einen für jeden Sohn Noahs: Asien nimmt die obere Hälfte ein, während Europa und Afrika Seite an Seite darunter stehen. Die Grenzen der drei Länder erinnern an ein »T«, das in ein »O« eingeschrieben ist, da die untere Kante Asiens den Kreis entlang seines waagerechten Durchmessers halbiert und die Grenze zwischen Europa und Afrika wiederum die untere Hemisphäre zweiteilt. Dort, wo sich die beiden Pinselstriche treffen, liegt Jerusalem.

Die *Mappa Mundi* zeigt keine nach Längen- und Breitengraden angeordneten Orte, sondern gibt eine Übersicht über die Erde, garniert mit kunterbunten Wissenshäppchen, die diese und die jenseitige Welt betreffen. Das Exemplar, das um 1300 in der Kathedrale von Hereford in England ausgestellt wurde, verzeichnet die Pforten des Paradieses, den Turm zu Babel, die »in Armeniens Bergen« gestrandete Arche Noah und den Ort, an dem Lots Weib zur Salzsäule erstarrte. Vierzig mythische und reale Tiere sind in ihren natürlichen Lebensräumen abgebildet und werden in begleitenden Legenden beschrieben. Es handelt sich unter anderem

um den Zentaur, die Meerjungfrau, das Einhorn, »Riesen-
ameisen«, die »Goldsand hüten«, und den Luchs, der »durch
Wände sieht und Pechstein ausscheidet«. Noch merkwürdi-
ger sind die fünfzig »monströsen« Menschengeschlechter auf
der Karte – die Arimaspi, die »mit den Greifen um Smaragde
kämpfen«, oder die Blemyae, bei denen Mund und Augen
in der Brust sitzen. Nur wenige dieser fremdartigen Krea-
turen tragen christliche oder auch nur menschliche Züge,
und lediglich das Volk der Corcina in Asien erinnert an Ptolemäus' altverbürgte geographische Lektionen, denn ihre
Schatten sollen »im Winter nach Norden und im Sommer
nach Süden« fallen, was bedeutet, dass sie am Wendekreis
leben.

Noch genügt eine Hemisphäre, um die gesamte Welt-
bevölkerung auf der *Mappa Mundi* unterzubringen. An
ihren Rändern säumt ein großer Ozean die sichtbaren Länder
und füllt vermutlich auch die gesamte Rückseite aus. Auch
wenn die *Mappa Mundi* auf dem Pergament als flache
Scheibe erscheint, soll sie doch eine Kugel darstellen. Christoph Kolumbus' Bewährungsprobe wird nicht darin bestehen, seine Kritiker davon zu überzeugen, dass die Erde eine
Kugel ist, sondern darin, dass sie kleiner ist, als sie es sich
vorstellen.

Kolumbus hält an Ptolemäus' Vorstellung von einer Erde
mit einem Umfang von knapp 30 000 Kilometern fest, obwohl er weiß, dass portugiesische Seefahrer von mindestens
38 000 Kilometern ausgehen. Kolumbus hört nicht auf sie
und wettet darauf, dass er die unbekannten Gewässer über-
queren kann, ehe seine Mannschaft an Hunger oder Durst
stirbt.

Offiziell ist Kolumbus, wie er in seinem Bordbuch nieder-schreibt, in einer religiösen Mission unterwegs. »Im Namen unseres Herrn Jesus Christus«, entsandt von den »allerchrist-lichsten, höchsten, erlauchtesten und mächtigsten Fürsten«, dem König und der Königin von Spanien, »nach den Gegen-den Indiens, um dort die Fürsten, Völkerschaften und Län-der aufzusuchen und alles Übrige in Erfahrung zu bringen sowie auch die Maßnahmen, die ergriffen werden könnten, sie zu unserem heiligen Glauben zu bekehren.«

In Anbetracht seiner früheren Erfahrungen auf See und seines Interesses an der Geographie gelobt Kolumbus, diese einmalige Gelegenheit weidlich zu nutzen. »Ich gedenke, eine neue Landkarte zu erstellen, in die ich alles Meer und Land des ozeanischen Meeres einzeichnen werde. Des Weite-ren werde ich ein Buch zusammenstellen und darin alles der Länge und Breite nach verzeichnen. Und vor allen Dingen ist es vordringlich, um dies auszuführen, dass ich des Schla-fens vergesse und der Navigation große Aufmerksamkeit widme. Und um dieser Angelegenheiten willen werde ich vor eine große Aufgabe gestellt sein.«

Gleichzeitig muss Kolumbus die Befürchtungen der gut neunzig Mannschaften und Offiziere bezwingen, die ihn auf den drei Schiffen begleiten.

»An diesem Tag kamen wir außer Sichtweite von Land«, notiert er am Sonntag, dem 9. September 1492. »Und viele Männer jammerten und weinten vor Angst, es für lange Zeit nicht wieder zu erblicken. Ich tröstete sie, indem ich ihnen große Güter und Reichtümer versprach. Um sie in ihrer Hoffnung zu stärken und ihre Ängste zu zerstreuen, entschloss ich mich, weniger Meilen zu zählen, als wir tatsächlich zurücklegten. Ich verfuhr in dieser Weise, damit sie die Entfernung von Spanien nicht für so weit halten, als sie tatsächlich ist. Ich werde für mich selbst eine vertrauliche und zutreffende Aufstellung führen.«

Als Kolumbus in der Karibik Land erreicht, vermag nichts von dem, was er auf den Inseln entdeckt, seine fixe Idee zu zerstreuen, Indien erreicht zu haben.

»Die Wälder und die gesamte übrige Pflanzenwelt sind so grün wie im April in Andalusien, und der Sang der kleinen Vögel möchte wohl in einem den Wunsch aufkommen lassen, für ewig hier zu bleiben«, schreibt er am 21. Oktober, »Schwärme von Papageien verdunkeln die Sonne, und große und kleine Vögel der verschiedensten Art unterscheiden sich derart von den unsrigen, dass es ein Wunder ist. Des Weiteren gibt es tausenderlei Arten verschiedener Bäume, die jeweils ihrer Spezies entsprechende Früchte tragen und die alle einen wunderbaren Duft ausströmen. Ich bin der traurigste Mensch der Welt, dass ich sie nicht bestimmen kann, denn ich bin mir sicher, dass sie einigen Wert haben. Ich werde, soweit ich kann, von allem ein Beispiel mitnehmen.«

Natürlich ist Kolumbus kein Naturforscher, und doch erwähnt er die Papageien wieder und wieder. Die grünen und lilafarbenen Vögel, auf den *Mappae Mundi* als Geschöpfe Indiens ausgewiesen, sind für ihn der Beweis, dass er tatsächlich irgendwo in der Nähe seines geplanten Reiseziels angekommen ist. Das »Festland«, das laut den Eingeborenen etwa zehn Tagesreisen entfernt liegt, muss Indien sein. Die Insel, die sie Kuba nennen, so folgert er am 27. Oktober, dem Tag, ehe er dort landet, ist nur »der Ausdruck der Indianer für Japan«.

Wenn Kolumbus Orte benennt, erweist er seinem Heiland und seinen weltlichen Gebietern alle Ehre: San Salvador, Santa María de la Concepcíon, Ferdinandina, Isabela. Auf seinem Weg durch den Archipel halten ihn das Stranden des einen Schiffs und eine versuchte Meuterei auf dem anderen davon ab, das Gebiet vollständig zu erkunden.

Auf der Rückfahrt nach Spanien, wo ihn der Ruhm erwartet, tobt sich im Februar ein Sturm mit teuflischer Kraft aus. Aus Furcht, der Ozean könnte ihn verschlingen, ehe er der Krone seine Entdeckungen mitteilen kann, zeichnet Kolumbus nun seine Karte. Er schlägt das Pergament in ein Wachstuch ein, versiegelt das Tuch in einem Fass und wirft das Fass in die Wellen. Sollte er zugrunde gehen, so mag derjenige, der seine Botschaft findet, den König und die Königin unterrichten, »wie unser Herrgott mir in allem zum Siege verholfen hat, was ich mir von Indien ersehnte«.

Doch es kommt anders: Die Karte verschwindet im Sturm, während ihr Zeichner überlebt und als »Admiral des Ozeans« und »Vizekönig von Indien« drei weitere Entdeckungsreisen gen Westen anführt. Auch nach all diesen Erkundungsfahrten versichert Kolumbus beharrlich, er habe lediglich einen kürzeren Seeweg nach dem Fernen Osten gefunden. Erst nach seinem Tod, als seine Gebeine für ein zweites und schließlich sogar drittes Begräbnis über den Atlantik hin- und herschaukeln, wird das Ausmaß seiner Entdeckungen den Globus in die Alte und die Neue Welt zerteilen.

Langsam nehmen die fernen Gestade Konturen an. Das mit »Florida« bezeichnete Gebiet hängt frei und schwebt wie ein leichtes Gewand im Wind über Kolumbus' Hispaniola (Haiti und die Dominikanische Republik), bis sich die nördlichen Grenzen Floridas mit einer größeren Landmasse verbinden. »Amerika« erscheint erstmals 1507 auf einer großen neuen Weltkarte. Das Gebiet hat seinen Namen von Amerigo Vespucci, einem italienischen Kaufmann und Seefahrer, der es oft besuchte. Vespucci segelte sowohl mit den Portugiesen als auch mit den Spaniern westwärts und spielte sie gegeneinander aus, indem er kühn ihre verstreuten Territorien, die sie im Namen ihrer jeweiligen Herrscher in Besitz nahmen, als einen neuen, von Asien abgetrennten Kontinent proklamierte.

Zunächst wird Vespuccis Vorname nur für die südliche Hälfte der Neuen Welt verwendet, doch schließt »Amerika« bald auch den nördlichen Teil mit ein, als Entdecker aus rivalisierenden Ländern immer weiter vorstoßen, um zu sehen, was jenseits der erkundeten Gebiete liegt.

Die spanische Krone erringt einen großen Sieg, als Vasco Núñez de Balboa im September 1513 auf einer kahlen Bergkuppe in Panama auf die Knie fällt und beim erstmaligen Anblick des Pazifischen Ozeans in Jubel ausbricht. Er braucht mehrere Tage, um von seinem Lager durch den Wald zum Ufer hinabzusteigen, wo er ins Wasser watet, um es zu taufen. Mit gezücktem Schwert und erhobenem Schild ruft Balboa den Namen Spaniens über dieses Meer und alle Länder, die es umbrandet, als wüsste er bereits, dass es die halbe Welt bedeckt.

Im Jahr 1520 wagt sich Ferdinand Magellan mit fünf spanischen Schiffen in den Pazifik vor und misst dessen Weite in Einheiten menschlicher Leidensfähigkeit.

»Wir segelten drei Monate und zwanzig Tage, ohne die

geringste frische Nahrung zu genießen«, schreibt Magellans italienischer Steuermann, Antonio Pigafetta, über die Fahrt. »Der Zwieback, den wir aßen, war kein Zwieback mehr, sondern nur noch Staub, der mit Würmern und dem Unrat von Mäusen vermischt war und unerträglich stank. Auch das Wasser, das wir zu trinken gezwungen waren, war faulig und übel riechend. Um nicht hungers zu sterben, aßen wir das Leder, mit dem die große Rahe zum Schutz der Taue umwunden war. Diese Lederstücke, beständig dem Wasser, der Sonne und den Winden ausgesetzt, waren so hart, dass wir sie vier bis fünf Tage lang in Meerwasser tauchen mussten, um sie weicher zu machen. Dann brieten wir sie auf Kohlen und würgten sie, von Ekel geschüttelt, durch die Kehle. Oft blieb uns auch nichts anderes übrig, als Sägespäne zu essen, und selbst Mäuse, sosehr sie der Mensch verabscheut, waren eine so gesuchte Speise geworden, dass für eine bis zu einem halben Dukaten bezahlt wurde.«

Auf dem Höhepunkt dieses Zeitalters der Entdeckungsfahrten veröffentlicht 1543 ein polnischer Geistlicher ein Buch, das die gesamte Welt an einen neuen Ort verschiebt. In *De Revolutionibus* von Nikolaus Kopernikus wird die Erde aus ihrer ortsfesten Position im Dreh- und Angelpunkt der Himmelssphären herausgerissen und zwischen die Bahnen von Venus und Mars gesetzt, die, wie sie selbst, die Sonne umkreisen. Das Fremdartige, Verstörende an Kopernikus' Weltbild lassen dieses fast in Vergessenheit geraten, doch binnen hundert Jahren nimmt die Sonne wider alle Erwartung den Mittelpunkt des Universums fest in Besitz, und die Erde zieht fortan als Wandelstern ihre Bahnen.

Verdient dieser neue Planet denn keinen neuen Namen?

Wenn ein See auf den Namen Champlain und eine Bucht auf den Namen Hudson getauft werden dürfen, weshalb sollte sich dann der neuerdings bewegliche Erdball mit einer alten, ungenauen Bezeichnung herumquälen? »Erde« erinnert an die alte Einteilung der gewöhnlichen Materie in vier Elemente – Erde, Wasser, Luft, Feuer – und daran, dass Erde als das schwerste, am wenigsten »himmlische« Element galt. Nach dieser Lehre floss Wasser über Erde, Luft schwebte über beiden und Feuer stieg durch die Luft bis an die Schwelle der Himmelssphären auf, wo Planeten und Sterne ein fünftes Element verkörperten – die »quinta essentia«, den feinsten Ätherstoff. Nun, da sich die Ordnung der Welt auf den Himmelskarten veränderte, sollte »die Erde« nicht einen passenden Namen aus der Mythologie annehmen? Doch es ist schon zu spät, den alten Namen abzulegen, sogar zu spät, von »Erde« auf »Wasser« umzusteigen, jetzt, wo man sehen kann, wie sich Meere in alle Richtungen auftun und ausdehnen.

Kartographen verzieren die leeren Ozeanweiten mit Schiffen, Walen und Seeungeheuern, mit pausbäckigen, Stürme auspustenden Cherubim sowie mit Überschriften und Legenden in kunstvoll gestalteten Kartuschen, die so groß sind wie manche Länder.

Mindestens eine Kompassrose, ein blütenähnliches, häufig aus Blattgold, Indigo und Koschenillerot kunstvoll gestaltetes Emblem mit 32 gemalten Blütenblättern, die in jede erdenkliche Wind- und Himmelsrichtung weisen, dient nun der Ausrichtung einer jeden Karte. Die Windrose weist sämtliche Bordbuch-Kürzel für den Zickzackkurs einer Entdeckungsfahrt auf – ONO, SSW, NW über N – und spiegelt die Vorderseite des Magnetkompasses wider, der diese Kürzel diktiert.

Der Magnetkompass ist spätestens seit dem dreizehnten Jahrhundert unerlässlich für Seeleute, hilft er ihnen doch, den Nordstern zu finden, selbst wenn Wolken ihn verdunkeln – ja sogar, wenn ihr Schiff so weit gen Süden gesegelt ist, dass das Leitlicht unter den Horizont gesunken ist. Viele glauben, die Kompassnadel werde vom Polarstern angezogen oder von einem unsichtbaren Himmelspunkt in dessen Nähe.

Doch nein, die Erde selbst ist der Magnet, der alle Kompassnadeln an sein eisernes Herz zieht. William Gilbert, ein englischer Arzt, entdeckt diese Tatsache im Jahr 1600 bei Experimenten und demonstriert Königin Elisabeth den Effekt an einem kleinen, kugelförmigen Magneten, der als Modell für die Erde dient. Darüber hinaus macht Gilbert sich über das generelle Verbot von Knoblauch an Bord lustig und beweist, dass weder Knoblauchausdünstungen noch auf eine Kompassnadel geschmierte Knoblauchpaste deren magnetische Kraft beeinträchtigen können.

Die magnetische Eigenschaft der Erde bringt Gilbert und andere auf den Gedanken, der Magnetismus sei die Kraft, welche die Planeten auf ihren Bahnen hält. 1687 schließlich triumphiert Newtons universelle Gravitation über Gilberts interplanetarischen Magnetismus, doch die magnetische Erde verheißt immer noch viel für die Navigation. Zwar weisen Kompassnadeln grundsätzlich nach Norden, doch ein Magnetkompass zeigt in einem Gebiet der Erde leicht östlich von Norden und im anderen leicht westlich davon. Kolumbus hatte diese Abweichung auf der Hinreise bemerkt und befürchtete, sein Instrument könnte ihn im Stich lassen. Im siebzehnten Jahrhundert jedoch deutet der angehäufte Erfahrungsschatz darauf hin, dass sich dieses Phänomen womöglich nutzbar machen lässt. Vielleicht lässt sich der Grad der »Missweisung« des Kompasses von Ort zu Ort messen und der gesichtslose Ozean so in Magnetzonen einteilen, die den Seeleuten helfen, während der Wochen und Monate auf See ihren Standort zu bestimmen. Diese Aussicht führte zu der ersten rein naturwissenschaftlichen Seereise unter dem Befehl von Edmond Halley, dem einzigen Königlichen Astronomen, der je ein Patent als Kapitän der Königlichen Marine errang.

Zwischen 1698 und 1700 leitet Halley zwei Expeditionen über den Atlantik sowie zu dessen Nord- und Südgrenzen, bis ihn Eisberge im Nebel an der Weiterfahrt hindern. Vor der Küste Afrikas und dann erneut bei Neufundland gerät Halleys eigens konstruiertes Flachbodenschiff, die *Paramore*, unter »freundlichen Beschuss« von englischen Kaufleuten und Fischern aus den amerikanischen Kolonien, die sie fälschlich für ein Piratenschiff halten.

Auf der von Halley 1701 publizierten farbigen Karte ist der Ozean durchzogen von gekrümmten Linien unterschiedlicher Länge und Breite, die den Grad der magnetischen Missweisung nach Osten und Westen angeben. Die den Atlantik säumenden Kontinente dienen lediglich zur Verankerung dieser überaus bedeutsamen Linien und als Platz für die Kartuschen, deren Palmen, Musen und nackte Eingeborene aus den mittlerweile überfüllten Gewässern – ihrem traditionellen Standort – in die leeren Länder abgedrängt worden sind.

Halley ist gleichwohl aufrichtig überzeugt, dass die mag-

netische Missweisung (Deklination) den Seeleuten die Be-
stimmung des Längengrads nicht wirklich erleichtern wird.
Noch dazu sagt er voraus, dass seine sorgfältig gezogenen
Linien sich in Folge von Bewegungen tief im Erdinneren im
Lauf der Zeit verschieben werden. Halley geht (in weiser
Voraussicht) davon aus, dass das Innere des Planeten aus
übereinander geschichteten Schalen festen und glutflüssigen
Materials besteht, welches das magnetische Verhalten der
Erde bestimmt.

Unterdessen führt Halleys Karte der magnetischen Deklination, die zwar für ihn und die anderen Seeleute eine Ent-
täuschung war, zu einer Revolution in der Kartographie.
Die gekrümmten Linien auf dieser Karte, die Punkte mit
gleichen Werten verbinden (und die hundert Jahre lang als
Halley'sche Linien bezeichnet werden), bereichern gedruckte
Karten um eine dritte Dimension. Andere Karten Halleys –
von den Sternen der südlichen Hemisphäre, den Passatwinden, dem vorhergesagten Verlauf der Sonnenfinsternis von
1715 – werden wegen ihrer Neuerungen ebenfalls berühmt.
Er würde zu gern auch noch das gesamte Sonnensystem kartieren, wenn er nur die Entfernung zwischen Erde und Sonne
abschätzen könnte.*

Halley hat eine Idee, wie er diese so wichtige Messung
bei einem Venusdurchgang vornehmen könnte: Würde man

---

* Keplers drittes Gesetz der Planetenbewegung, das 1609 veröffentlicht wurde, drückte nur die relativen Entfernungen zwischen den
Planeten auf der Grundlage der Umlaufzeit jedes einzelnen Planeten aus. Man hatte damals noch keine tatsächlichen Entfernungen berechnet.

dieses Ereignis von weit voneinander entfernten Punkten auf der Erde beobachten und seine Dauer exakt messen, könnten Wissenschaftler durch »Triangulierung« des Himmels die Entfernung zwischen Erde und Venus berechnen und daraus den Abstand der Erde zur Sonne ableiten. Halley sagt zwei Durchgänge voraus, für 1761 und 1769, doch er müsste 105 Jahre alt werden, um auch nur den ersten der beiden mitzuerleben. Denn obwohl die Venus in acht Jahren fünfmal zwischen Sonne und Erde vorbeizieht, führt ihre geneigte Bahn sie für den irdischen Betrachter gewöhnlich ober- oder unterhalb der Sonne vorbei. Damit wir einen Venusdurchgang beobachten können, muss sich die Venusbahnebene mit der Erdbahnebene schneiden – und auch dann lässt sich das Geschehen nur innerhalb der ersten beiden Tage nach Beginn dieser Schnittbewegung verfolgen. Diese strengen Anforderungen lassen zwar jeweils zwei Venusdurchgänge im Abstand von acht Jahren zu, doch nur ein solches Paar alle hundert Jahre.

»Ich rufe eifrige Himmelsspäher (für die, wenn ich einmal nicht mehr sein werde, diese Beobachtungen aufbewahrt werden) dringend dazu auf, diese meine Ermahnung zu beherzigen«, schreibt Halley 1716 über die künftigen Venusdurchgänge, »und emsig all ihre Kraft darauf zu verwenden, die nötigen Beobachtungen zu machen.«

Als im Juni 1761 die Zeit des ersten Transits kommt, trotzen Halleys Jünger allem erdenklichen Ungemach – feindlichen Armeen, Monsunregen, der Ruhr, Überflutungen, strenger Kälte –, um an die günstigsten Beobachtungsorte in Afrika, Indien, Russland, Kanada sowie auch in verschiedenen europäischen Städten zu gelangen. Doch dann vereiteln

Wolken die meisten Beobachtungen, und ob der unsicheren Ergebnisse der Astronomen konzentriert man sich nun noch stärker auf die nächste Gelegenheit im Jahr 1769, anlässlich derer 151 offizielle Beobachter an 77 verschiedene Orte rund um die Erde ausschwärmen.

Jede Gruppe muss die vier wesentlichen Zeitpunkte des Durchgangs, die so genannten Kontakte, wenn Venus und Sonne sich an ihren Rändern berühren, präzise verzeichnen. Der erste Kontakt erfolgt, wenn Venus sich an die Außenseite der Sonnenscheibe zu heften scheint. Sobald die Venus dann vollständig in die Sonnenscheibe eintritt, liegt der zweite Kontakt vor, doch anschließend dauert es vier Stunden, bis auf der gegenüberliegenden Seite der Sonnenscheibe der dritte Kontakt stattfindet. Beim vierten Kontakt ist sie bereits aus der Sonnenscheibe ausgetreten und steht kurz davor, sich von ihr zu trennen.

Verantwortlich für die überaus wichtigen Beobachtungen der Royal Society auf der König-Georg-III.-Insel (Tahiti) ist Kapitänleutnant James Cook. Er bricht im Jahr vor dem Ereignis von England auf, im August 1768, damit er rechtzeitig vor Ort ist, um alle notwendigen Vorbereitungen zu treffen, zu denen auch der Bau eines verlässlichen Observatoriums, Fort Venus, gehört.

Samstag, 3. Juni [1769].
Dieser Tag erwies sich als so günstig für unseren Zweck, wie wir nur wünschen mochten: den ganzen Tag zeigte sich keine Wolke, und die Luft war völlig klar, also dass wir jeden erdenklichen Vorteil hatten bei der Beobachtung der ganzen Passage des Planeten Venus über die Scheibe der Sonne: Wir sahen

sehr deutlich eine Atmosphäre oder einen düsteren Schatten um den Körper des Planeten, was große Verwirrung bei der Bestimmung der Zeiten der Kontakte verursachte, besonders der beiden inneren. Dr. Solander beobachtete, wie auch Mr. Green und ich, und wir differierten bei der Beobachtung der Zeiten der Kontakte weit stärker, denn man hätte erwarten können. Des Mr. Green Teleskop und das meine waren von derselben vergrößernden Wirkung, dasjenige des Dr. Solander indes vergrößerte stärker denn die unsern.

Die Astronomen haben allenthalben die gleichen Schwierigkeiten wie Cooks Männer, wenn es darum geht, den genauen Zeitpunkt zu ermitteln, wann die Venus in die Sonnenscheibe ein- und wieder aus ihr austritt. Die begrenzte Leistungsfähigkeit selbst der besten verfügbaren optischen Instrumente beeinträchtigen sämtliche Beobachtungsdaten, und die internationale Astronomengilde muss sich damit zufrieden geben, die Entfernung zwischen Erde und Sonne grob auf 148 bis 154 Millionen Kilometer einzugrenzen.

Cook wendet seine Aufmerksamkeit von der Venus ab und dem zweiten, geheimen Teil seiner Anweisungen zu – einer Erkundungsfahrt durch das Eismeer auf der Suche nach der großen Terra incognita im Süden. Da die Suche vergeblich bleibt, tritt er die Heimfahrt an, um dann jedoch 1772 zu einer zweiten Erkundungsfahrt aufzubrechen. Während dreier kalter, mühevoller Jahre wird Cook, nunmehr im Rang eines Kapitäns, ein Meister darin, sein Schiff regelmäßig in den Wind zu drehen, damit der Schnee aus den Segeln geschüttelt wird.

Montag, 6. Februar [1775].

Wir fuhren unausgesetzt gen Süden und Südosten bis zum Mittag, da wir auf 58°15' südlicher Breite und 21°34' westlicher Länge uns befanden, und so wir weder Land noch irgendwelche Anzeichen von solchem entdecken konnten, so schloss ich, dass das, was wir gesehen und was ich das Sandwich-Land genannt hatte, entweder eine Gruppe von Eilanden etc. oder gar ein hervorspringender Punkt eines Kontinentes sei, zumal ich fest glaube, dass es nahe dem Pole ein größeres Stück Landes geben muss, welches der Ursprung des größten Teiles des Eises ist, welcher sich über diesen riesigen südlichen Ozean erstreckt ... Ich meine hier ein Land von einiger Ausdehnung ... Es ist in jedem Falle wahr, dass der größte Teil jenes südlichen Kontinentes (vorausgesetzt, es gibt einen) innerhalb des Polarkreises liegen muss, allwo die See derart mit Eis bedeckt ist, dass das Land in ihr ohne jeden Wert ist.

Cook berechnet die geographische Länge und Breite seiner jeweiligen Standorte präziser als all seine Vorgänger. Indem er die Bewegung des Mondes gegen die Sterne verfolgt – eine Methode, an deren Entwicklung Halley beteiligt war – und dank der Präzision eines neuen Zeitmessers, der exakt mit der Normaluhr am Greenwich-Observatorium übereinstimmt, weiß Cook immer genau, wo er sich befindet. Seine Karte weist anderen den Weg von der Success Bay auf Feuerland, wo er sich mit Holz und Wasser eindeckt, zur Botany Bay in Australien, die er nach ihrer Fülle an neuen Pflanzenarten benannte, und zur Poverty Bay in Neuseeland, wo Cook »nichts, was wir wollten«, fand.

Schiffe voller Vermessungsgeräte – Schiffe, die nicht bloß

Meere durchfahren, sondern auch an der Küstenlinie entlang und in Flussmündungen hineinsegeln können – beginnen nun, der Neuen Welt mit neuer Präzision zu Leibe zu rücken. Dies ist die Mission der H. M. S. *Beagle* im Jahr 1831, deren Kapitän 22 der besten Chronometer seiner Zeit mit sich führt – Zeitmesser des gleichen Typs, wie sie Cook auf seiner zweiten Reise so lobte. Für die detaillierte Vermessung Südamerikas und die anschließende lange Heimfahrt über Ostindien sucht Kapitän Robert FitzRoy nach einem gebildeten Gefährten, der sein Interesse an Geologie und Naturgeschichte teilt und für die Mitfahrt bezahlt. Charles Darwin, ein 22-Jähriger, der kurz zuvor seinen College-Abschluss gemacht hat und noch nicht so recht weiß, was er aus seinem Leben machen möchte, heuert an.

Die *Beagle* ist für Darwin wie eine Folterkammer, so schwer setzt ihm die Seekrankheit zu. Obwohl es ihm frei steht, das Schiff in jedem Hafen, den sie anlaufen, zu verlassen, hält er die vollen fünf Jahre durch. Er schafft dies, indem er so viel Zeit wie möglich an Land verbringt, während FitzRoy die Küsten Argentiniens, Chiles, der Falkland- und Galapagos-Inseln abfährt, um sie zu vermessen und zu kartieren.

»Mein Aufenthalt in Maldonado betrug zehn Wochen, in denen eine nahezu vollständige Sammlung der Säugetiere, Vögel und Reptilien zusammengebracht wurde«, notiert Darwin im Sommer 1832. »Ehe ich einige Bemerkungen hierüber mitteile, will ich einen kleinen Ausflug beschreiben, der mich bis zum Fluss Polanco gegen siebzig Meilen nach Norden führte. Um eine Ahnung zu geben, wie billig hier alles ist, brauche ich nur zu erwähnen, dass ich für zwei

Mann und ungefähr ein Dutzend Pferde zwei Dollar oder acht Schilling pro Tag bezahlte. Meine Begleiter waren mit Pistolen und Säbeln gut bewaffnet, eine Vorsichtsmaßregel, die ich für ziemlich überflüssig hielt. Doch erfuhren wir durch die erste Neuigkeit, die wir hörten, dass am Tage vorher ein Reisender aus Montevideo tot mit durchschnittener Kehle auf der Straße gefunden worden war. Dies hatte sich dicht bei einem Kreuze, dem Gedenkzeichen eines früheren Mordes, zugetragen.«

Trotz der Gefahren örtlicher Feindseligkeiten zieht Darwin nach wie vor das Land dem Meer vor:

11. August [1833] – Mr. Harris, ein in Patagones lebender Engländer, ein Führer und fünf Gauchos, die in Geschäften zu der Armee gingen, waren meine Reisegefährten ... Kurz nachdem wir die erste Quelle verlassen hatten, kamen wir in den Sehbereich eines berühmten Baumes, den die Indianer als den Altar des Walleechu verehren ... Ungefähr zwei Meilen jenseits des seltsamen Baumes schlugen wir das Lager für die Nacht auf. In diesem Augenblick wurde eine unglückliche Kuh von den luchsäugigen Gauchos erspäht; sie setzten ihr im Galopp nach, brachten sie nach wenigen Minuten im Lasso hereingeschleppt und schlachteten sie. Wir hatten hier die vier notwendigen Dinge zum Leben »en el campo« – Weide für die Pferde, Wasser (allerdings nur ein schmutziger Tümpel), Fleisch und Brennholz. Die Gauchos waren in bester Laune, all diesen Komfort zu finden, und bald machten wir uns an unsere Arbeit an der armen Kuh. Dies war die erste Nacht, die ich unter freiem Himmel verbrachte, nur mit dem Zeug meines Rekado [Sattel] als Bett. In der Unabhängigkeit des Lebens eines

Gauchos liegt ein hoher Genuss, – jeden Augenblick das Pferd halten zu lassen und sagen zu können: »Hier wollen wir die Nacht zubringen!« Die Totenstille der Ebene, die wachthaltenden Hunde, die zigeunerhafte Gruppe der Gauchos, die sich ihre Lager rings um das Feuer machten, – dies alles hat in meinem Gedächtnis ein scharf gezeichnetes Bild dieser ersten Nacht hinterlassen, das sich niemals verwischen wird.

Darwin wird nach seiner Rückkehr nach England genügend Zeit haben, um zu heiraten, sich mehr um seine Kinder als um seine eigenen Anliegen zu kümmern und jahrelang ungestört seine Gedanken schweifen zu lassen, während ihm die ausgestopften Vögel und andere Erinnerungsstücke von den Galapagos-Inseln dabei helfen, das Geheimnis der biologischen Vielfalt zu ergründen.

Doch einstweilen sammelt er Fossilien, treibt geologische Studien und erklimmt die Anden, wobei er über die Kräfte nachsinnt, die in erdgeschichtlichen Zeiträumen derartige Gebirgsmassive auffalten, zu Schotter zermahlen oder erzittern lassen.

20. Februar [1835] – Dieser Tag ist für die Geschichte Valdivias von Bedeutung geworden, da an ihm das heftigste Erdbeben stattfand, das die ältesten Einwohner erlebt haben. Ich war zufällig auf dem Lande und hatte mich im Wald auf den Boden gestreckt, um mich auszuruhen. Es trat plötzlich ein und dauerte zwei Minuten; aber die Zeit schien viel länger zu sein. Die Erschütterung des Bodens war sehr stark fühlbar. Die Wellenbewegung schien meinem Begleiter und mir selbst genau aus Osten zu kommen, während andere der Meinung waren, dass

sie aus Südwesten kam, ein Beweis dafür, wie schwierig es zuweilen ist, die Richtung der Schwingungen festzustellen. Man hatte keine Schwierigkeit, aufrecht zu stehen; die Bewegung machte mich aber fast trunken. Sie war der Bewegung eines Fahrzeuges in kleinen sich kreuzenden Wellen ähnlich ...

Tatsächlich reisen die Kontinente selbst. Sie klammern sich gleichsam huckepack an große Platten der Erdkruste, die sich ständig bewegen. 1912 behauptet der deutsche Geologe Alfred Wegener, die Ostküste Südamerikas füge sich nahtlos in den westlichen Rand Afrikas, da beide Kontinente Teile desselben Puzzles seien. Einst, in grauer Vorzeit, lagen sie Seite an Seite und waren Teil einer einzigen Landmasse, die Wegener »Pangaea« (»alles Land«) nennt, umgeben vom Wasser der »Panthalassa« (»alles Ozean«), ehe sie durch geologische Kräfte auseinander gezogen wurden.

Heute driften die Alte und die Neue Welt nach wie vor auseinander, und zwar entlang eines sich stetig spreizenden *Rifts* (lang gestreckte Senke) im mittleren Atlantik, wo schmelzflüssiges Magma aus dem Erdinneren hervorquillt und neuen Meeresboden auslegt. Während der Atlantik sich weitet, schrumpft der Pazifik. Unter den ruhelosen Küsten Perus, Chiles, Japans und der Philippinen sinkt alter, kalter Meeresboden zurück ins infernalische Erdinnere, und die dabei frei werdenden Verspannungskräfte erzeugen Erdbeben, Vulkanausbrüche und bisweilen katastrophale Tsunamis.

Der Meeresboden durchläuft einen Prozess permanenter Erneuerung, und keiner seiner Teile ist älter als 200 Millionen Jahre. Im Gegensatz dazu blieben die Kontinente über Äonen hinweg bestehen, zwar erodiert, doch nach vier Milliarden Jahren noch immer unversehrt. Statt untereinander abzusinken, werfen die Kontinente Falten, wenn die Druckspannungen ihre Kruste verformen: Die Appalachen zeugen von einer urzeitlichen Kollision zwischen Afrika und Nordamerika, während der anhaltende Druck auf den Himalaja diesen auch heute noch weiter aufwölbt.

Moderne Erkundungsfahrten mit Unterseebooten und Raumsonden enthüllen das wahre, apolitische Geflecht der unter Wasser verborgenen Grenzen auf der Erde. Bergketten, die mitten durch Ozeane verlaufen, und komplementäre Küstengräben teilen die Erdoberfläche in ein Mosaik von gut dreißig Platten, die jeweils ein Stück eines Kontinents und einen Teil des Meeresbodens tragen. Das Mosaikmuster verschiebt sich in dem Maße, wie die Platten auseinander driften, miteinander kollidieren oder sich seitlich aneinander reiben; angetrieben werden diese Verschiebungen durch die im Erdinnern aufgespeicherte Restwärme aus der Zeit der gewaltsamen Geburt der Erde und durch andauernde radioaktive Zerfallsprozesse.

Die seismischen Stoßwellen, welche die Erde bei Beben durchdringen, gewähren den tiefstmöglichen Einblick. Sie lassen darauf schließen, dass die Kontinente und Meeresböden lediglich eine dünne Haut beziehungsweise Kruste um den Planeten bilden. Unter manchen Meeresgebieten ist diese Kruste gerade mal eineinhalb Kilometer dünn, während die Kontinentalkruste im Schnitt mindestens 32 Kilometer dick ist, doch die Kruste insgesamt macht nur ein halbes Prozent der Erdmasse aus. Der größte Teil des Planeten (etwa zwei Drittel seiner Masse) besteht aus dem steinigen, dabei jedoch plastischen Mantel zwischen der Kruste und dem Erdkern. Im Mittelpunkt der Erde ist ein Teil des Eisen-Nickel-Kerns bereits zu einer festen Kugel abgekühlt. Seismologen können hören, wie diese Kugel in dem noch schmelzflüssigen äußeren Kern unabhängig von diesem rotiert und sich pro Tag fast eine Sekunde schneller dreht als der Rest der Erde.

Wie die verborgenen Schichten des Erdinnern hat man auch die unsichtbaren Schichten der Erdatmosphäre vermessen, von der oberflächennahen Troposphäre über die Stratosphäre und die Mesosphäre bis an die obere Grenze der Thermosphäre. Das Magnetfeld und die Strahlungsgürtel um die Erde lassen sich vom Weltraum aus untersuchen. Von dort aus kann auch ein Netz erdumspannender Ortungssatelliten auf den Zentimeter genau Standorte bestimmen, während von den Apollo-Astronauten auf dem Mond aufgestellte Laserstrahlreflektoren die genaue Entfernung zwischen Erde und Mond messen.

Der Platz der Erde im Weltraum ist heute mit einer derartigen Genauigkeit bekannt, dass der jüngste Venusdurchgang am 8. Juni 2004 nur noch eine Touristenattraktion war – die Gelegenheit, eine astronomische Rarität zu erleben, wie sie kein heute lebender Mensch je beobachtet hatte, denn der letzte Transit ereignete sich am 6. Dezember 1882*. In der Zeit zwischen diesen beiden Durchgängen hat

---

* Nach dem nächsten Venusdurchgang, der für den 6. Juni 2012 angekündigt ist, gibt es bis zum 11. Dezember 2117 und dem 8. Dezember 2125 kein weiteres Paar mehr. Die Durchgänge erfolgen immer im Juni oder Dezember, weil die Erdbahn in diesen Monaten die Ebene der Venusbahn schneidet.

sich der Umfang der bekannten Welt enorm erweitert: um zusätzliche Planeten im Sonnensystem, extrasolare Planeten im Milchstraßensystem und die Details der Milchstraße selbst, die mit Milliarden von Sternen in ihren Spiralarmen durch das All wirbelt. Bei einem tieferen Blick in die unendlichen Weiten kommen noch die anderen Galaxien unserer so genannten Lokalen Gruppe und die Cluster und Supercluster von Galaxien hinzu, die sich seit ihrer Geburt im Urknall immer weiter in den Raum ausdehnen. Doch selbst dieses differenzierte Bild des nahen Weltalls fängt, wie Ptolemäus' Karte, nur den ephemeren Wissensstand eines flüchtigen Augenblicks ein.

Der Mond

6 Mondsucht

Während der ruhmreichen Tage des Apollo-Projekts verliebte sich ein junger Astronom, der in einem Universitätslabor Mondgestein untersuchte, in meine Freundin Carolyn und setzte seine Stelle und die nationale Sicherheit aufs Spiel, indem er ihr ein wenig Mondstaub schenkte.

»Wo ist er? Lass sehen!«, bat ich sie, als ich davon hörte. Doch sie antwortete ruhig: »Ich habe ihn gegessen.« Nach einer Pause fügte sie hinzu: »Es war so wenig.« Als wäre das eine Erklärung!

Ich war wütend, denn das schwindelerregende Hochgefühl, hier in Carolyns Wohnung gleich dem Mond persönlich zu begegnen, war schlagartig verflogen, als mir klar wurde, dass sie alles vernascht hatte, ohne mir einen Krümel übrig zu lassen.

In einer Tagträumerei sah ich den Mondstaub, wie er, einem Liebhaber gleich, Carolyns Lippen liebkoste. Als er in ihren Mund kam, entzündete er sich beim Kontakt mit ihrem Speichel und sprühte Funken, die in all ihre Zellen eindrangen. Kristallin und fremdartig ließ er die dunklen Winkel ihres Körpers wie Feenstaub leuchten und in ihren Adern die schlichte Melodie eines Windspiels erklingen. Durch seine heilige Präsenz veränderte er ihre Natur selbst: Carolyn, die Mondgöttin. Durch diesen Akt der Einverleibung hatte sie sich irgendwie mit ihm verbunden, und genau das machte mich so eifersüchtig.

Natürlich hatte ich die Altweibergeschichten gehört, in denen Frauen geraten wird, die Schlafzimmervorhänge offen zu lassen und im Mondlicht zu schlafen, um ihre Fruchtbarkeit zu fördern oder ihren Menstruationszyklus zu regulieren, doch in keiner dieser Volkssagen wird beschrieben, welche Mondkräfte man aufnimmt, wenn man seinen Staub verzehrt. Carolyns Tat beschwor die Magie des Zeitalters der Raumfahrt herauf, das sich ihre und meine Mutter als junge Frauen nie hätten erträumen lassen.

Ich beneide Carolyn noch immer darum, dass sie den Mond geschmeckt hat. Ich weiß, dass sie im wirklichen Leben inzwischen mit einem Tierarzt im nördlichen Teil des Staates New York verheiratet ist und drei erwachsene Kinder hat. Sie leuchtet nicht im Dunkeln und wandelt nicht durch die Luft. Sie hat schon lange alle Spuren dieses Mondhappens ausgeschieden, der zweifellos in der üblichen Weise ihren Körper wieder verließ. Was könnte er schon enthalten haben, um mich die ganzen Jahre über weiter zu faszinieren?

Ein paar Körner Titan und Aluminium?

Heliumatome, die mit dem Sonnenwind von der Sonne weggeblasen wurden?

Die schimmernde Essenz all dessen, was unerreichbar ist?

Wahrscheinlich all dies zusammen, aber das wirklich Besondere an diesem Mondhäppchen war die Tatsache, dass er im Bauch eines Raumschiffs 380 000 Kilometer durch den interplanetaren Raum zu ihr gereist und die persönliche Liebesgabe eines gut aussehenden Mannes war. Glückliche, glückliche Carolyn.

Die Apollo-Astronauten selbst verkosteten den Mondstaub nicht absichtlich, doch er haftete an ihnen, bedeckte ihre weißen Stiefel und Raumanzüge und kehrte so mit ihnen in ihre Mondmodule zurück. Als sie ihre Helme abnahmen, schlug ihnen ein Geruch wie nach verbranntem Schießpulver oder feuchter Asche entgegen. Es war der Mondstaub, der in der sauerstoffhaltigen Atmosphäre, die die Männer von zu Hause mitgebracht hatten, sanft brannte. Draußen, auf der luftleeren Mondoberfläche, verströmte der zertretene Staub da irgendeinen Eigengeruch? Macht ein in einem Wald umstürzender Baum ein Geräusch, wenn keiner hinhört?

Die Astronauten sagten, die staubige Mondoberfläche sei gelbbraun wie Küstensand gewesen, wenn sie sie mit dem Gesicht zur Sonne betrachteten, aber grau geworden, wenn sie sich in die andere Richtung drehten – und schwarz, wenn sie Sandproben in Plastikbeutel schaufelten. Das gespenstische Glänzen des ungefilterten Sonnenlichts brachte ihre Farb- und Tiefenwahrnehmung durcheinander und die ihres fotografischen Films ebenso. In ähnlicher Weise auf das Licht der Erdatmosphäre abgestimmt wie sie selbst, lieferte der Film seine eigene Interpretation der feinen Farbschattierungen und des kargen Reliefs der neuen Landschaften, so dass am Schluss die Aufnahmen der Männer ihre Farberinnerungen vom Wandern auf dem Mond widerlegten.

Der Anblick des Mondes von der Erde wird durch ähnliche Lichtgaukeleien verfälscht. Wie sonst könnten Staub und Felsen des Mondes, die rußschwarz sind, silbrig glänzen? Die dunkelfarbigen Musterungen, die das Gesicht des Mannes im Mond malen, reflektieren nur 5 bis 10 Prozent des Sonnenlichts, das auf sie fällt, und die helleren Gebirgsregionen auch nicht mehr als 12 bis 18 Prozent. Der Mond glänzt daher ungefähr so wie eine Asphaltstraße. Doch die in groben Zügen ausgeformte Mondoberfläche, die von Mondstaubpartikeln übersät ist, vervielfacht die unzähligen ebenen Flächen, an denen Lichtstrahlen auftreffen und zurückgeworfen werden. So hüllt der lohbraune, graue, schwarze Staub den Mond in ein weißes Strahlenkleid. Und vor dem finsteren Hintergrund des Nachthimmels erscheint der Mond noch weißer.

Blässe bestimmt unser Bild vom Mond, mit Ausnahme der Zeiten, zu denen er, blank poliert durch zusätzliche Luftschichten, golden am Horizont hängt, oder in den Erdschatten eintaucht und bei einer totalen Mondfinsternis rot glüht. Gewiss, der Mond kann blau werden, nachdem ein Vulkan die Erdatmosphäre besudelt hat, oder er kann blau genannt werden, wenn er mehr als ein Mal pro Kalendermonat voll wird, doch es ist die verlässliche Blässe des gewöhnlichen

Mondes, die dem sprichwörtlichen Blauen Mond* seinen Seltenheitswert gibt.

Während das weiße Licht, das vom Mond zurückgeworfen wird, sämtliche Farben enthält, bleicht der auf der Erde wahrgenommene Mondschein boshaft alle vertrauten Anblicke aus. Die volle Wattleistung des Vollmonds ist um einen Faktor von 450 000 geringer als die der Sonne und liegt somit knapp unter der Schwelle des Farbensehens der Netzhaut. Selbst das hellste Mondlicht taucht alles, was es beleuchtet, in Blässe und wirft Schatten wie Oublietten (Burgverliese für lebenslänglich Verurteilte), in denen alle, die sie betreten, verschwinden.

Die fahlen Farben der Mondstrahlen blühen in Mondgärten, die mit Lilien, Engelstrompeten, Nachtviolen und dergleichen bepflanzt sind, alle weiß oder fast weiß oder wegen ihres nächtlichen Erscheinungsbildes geschätzt. Die Mondwinde, die Antwort des Abends auf die Trichterwinde**, öffnet ihre weißen Blütenblätter am Ende des Tages, wie es auch ihre Gefährtinnen tun, die Wunderblume, die Leopardenlilie oder die Nachtnelke. Auch die Nachtkerze ist trotz ihrer rosafarbenen Blüte in Mondgärten willkommen, da sie ihren Duft erst nach Einbruch der Dunkelheit verströmt.

Der Mond selbst will sich nicht auf die Nacht beschränken. Er verbringt die Hälfte seiner Zeit am Tageshimmel, wo viele Leute ihn gar nicht bemerken oder für eine Wolke

---

* Im Englischen bedeutet »once in a blue moon« alle Jubeljahre einmal (A. d. Ü.).

** Im Englischen »morning glory«, also Anspielung auf den Morgen (A. d. Ü.).

halten. Nur wenige Tage im Monat verschwindet der Mond gänzlich, da er in der scheinbaren Nachbarschaft der Sonne unsichtbar wird. Während der übrigen Zeit verändert der unentrinnbare Mond stündlich seine Form, nimmt ab und zu und bettelt um Aufmerksamkeit.

Der erste Anblick des jungen Mondes ist wie ein Lächeln in der Dämmerung. Obwohl so früh im monatlichen Mond-zyklus nur ein ganz schmaler Splitter Silbersichel auf uns scheint, zeigt sich der Rest der Mondscheibe in gerade noch erkennbarer Form, so als läge der alte in den Armen des jun-gen Mondes. Leonardo da Vinci, der den Mond zu einem solchen Zeitpunkt zeichnete, erkannte in dem schwachen Licht, das von der hellen Sichel umfangen wird, den Erd-schein. Der Phantommond, so erläuterte Leonardo in unleser-licher, linkshändiger Spiegelschrift in seinen Notizbüchern, fange das von der Erde reflektierte Sonnenlicht auf und strahle ein abgeschwächtes Echo davon zurück.

Wenn der Mond ein Viertel seines Wegs um die Erde zurückgelegt hat, bedeckt das Sonnenlicht die halbe Mond-scheibe wie der Zuckerguss ein rundes Schokoladeplätzchen, das zur Hälfte bestrichen ist. Bald krümmt sich der Termi-nator – die Tag-Nacht-Linie – wie ein Bogen, und noch mehr von der Mondoberfläche leuchtet auf, sobald die Mond-scheibe auf beiden Seiten konvex wird. Diese Phasen des zunehmenden Mondes – vom Neumond über die Sichel, den Viertelmond, den beiderseits konvexen Mond und schließ-lich den Vollmond – verheißen Wachstum. In Bauern- und Kräuteralmanachen gelten die Phasen des zunehmenden Mondes als geeignete Zeit für die Aussaat von Erbsen, das Ernten von Wurzelgemüse und das Beschneiden von Bäumen, damit diese reichlich Früchte hervorbringen. Nutzholz dagegen darf aus genau diesem Grund nie bei zunehmendem Mond geschnitten werden, denn Holz, das vom hochsteigenden Saft feucht ist, widersetzt sich der Säge und erfordert daher mehr Kraftaufwand, und es wird nach dem Schneiden krumm.

Wenn der Vollmond bei Sonnenuntergang aufgeht, ruft er den trügerischen Eindruck hervor, doppelt oder dreimal so groß zu sein, wie er tatsächlich ist. Der prächtige Anblick entsteht durch eine Selbsttäuschung des menschlichen Gehirns, das den Horizont für einen weit entfernten Ort hält und folgert, dass alles, was dort groß erscheint, wahrhaft riesig sein müsse. Später in der Nacht, wenn der Mond erst einmal am Himmel emporgestiegen ist, wo ein anderer Entfernungsmaßstab gilt, schrumpft er wieder auf normale Größe, auch wenn die Welt unter ihm verrückt spielt. Hunde bellen, Koyoten heulen, lykanthropisch veranlagte Menschen verwandeln sich in Werwölfe, und Vampire streifen unter dem Vollmond umher. Es werden mehr Verbrechen begangen, mehr Babys geboren, und mehr Mondsüchtige wandeln auf gefährlichen Abwegen. Zumindest behaupten das manche, da das aufscheuchende Licht des Mondes, das beinahe so hell ist, dass man dabei lesen kann, eine verbreitete Erwartung bestärkt, wonach Unheil eintreten werde.

Jeder Vollmond im Jahr hat mindestens einen Beinamen, der ihn mit untergegangenen Traditionen verbindet – im Englischen etwa Wolfsmond, Schneemond, Saftmond, Krähenmond, Blumenmond, Rosenmond, Donnermond, Störmond, Erntemond, Jägermond, Bibermond, Kalter Mond –, wohingegen keiner anderen Mondphase eine solche Hochachtung bezeigt wird.

Der »Vollmond« im wissenschaftlich exakten Sinne, also der Zeitraum, in dem der Mond am Erdhimmel der Sonne gegenübersteht, dauert gerade mal eine Minute im monatlichen Mondleben. Sobald der Mond einen Moment später abzunehmen beginnt, greift von rechts Dunkelheit über und geht denselben Weg zurück, den zuvor das Licht nahm. Einer nach dem anderen verschwinden die Gesichtszüge des Mannes im Mond – oder des Kaninchens oder der Kröte –, in derselben Reihenfolge, in der sie zuvor erschienen sind. Als Erstes zeigt sich beziehungsweise verschwindet das runde Mare Crisium (das Meer der Krisen), gefolgt, wie in einer skurrilen lateinischen Beschwörung, vom Lacus Timoris (See der Furcht), Mare Tranquillitatis (Meer der Ruhe), Sinus Iridum (Regenbogen-Bucht), Oceanus Procellarum (Ozean der Stürme) und Palus Somni (Sumpfland des Schlafs).

Keine Beschwörung könnte jene dunklen Mondmeere mit Wasser füllen, denn sie sind allesamt trocken. Diese so genannten Meere wurden auch noch nie von Wasser benetzt. Obgleich die lunaren »Meere« für die ersten Astronomen, die sie mit Fernrohren sichteten und ihnen ihre Namen gaben, auf eine flüssige Verbindung untereinander hindeuteten, fanden die ersten Spaziergänger, die sie betraten, an ihren Gestaden die trockensten Stoffe, die man sich nur vorstellen kann.

Als »knochentrocken« wurden die Mondproben beschrieben, obwohl sie viel trockener als Knochen sind, die sich im Inneren der stark wasserhaltigen Organismen der Erde bilden und noch lange nach dem Tod Spuren von Wasser bewahren.

Dann also staubtrocken? Nein, noch trockener. Auf der Erde enthält selbst Staub noch Wasser.

Mondgestein setzt einen neuen Maßstab der Trockenheit, der sich durch das *völlige* Fehlen von Wasser auszeichnet. Nicht ein Tropfen Wasser, nicht eine Blase Wasserdampf findet sich in dem Kristallgitter der Mondgesteine, und kein Hauch von Eis hat sie auch nur berührt. Einschlagende Kometen haben jedoch wahrscheinlich hie und da im Schatten unerforschter Krater nahe den Mondpolen Wassereis – vielleicht bis zu zehn Millionen Tonnen – in vereinzelten Lagern deponiert.

Da Wasser als Zutat fehlte, blieb die Schaffenskraft des Mondes auf lediglich hundert Mineralstoffe beschränkt, während die feuchte Erde mehrere tausend Mineralienarten hervorbrachte. Die Edelsteine, die man in romantischer oder religiöser Verklärung mit dem Mond in Verbindung bringt – Perle, Quarz, Opal, Mondstein –, könnten sich nie dort gebildet haben, da sie alle auf die eine oder andere Weise auf Wasser angewiesen sind und der Mond keines anzubieten hat.*

Das gegenwärtig von Planetenforschern favorisierte Szenario erklärt Entstehung und Trockenheit des Mondes auf einen Streich:

In der Frühgeschichte des Sonnensystems schlug ein

---

* Als exotische Rarität eingestuft, verkaufte sich ein einziges Karat Mondgestein 1993 bei einer Auktion für 442 500 Dollar. Desgleichen wurde eine nur selten von den Apollo-16-Astronauten benutzte und Spuren von Mondstaub aufweisende Karte des Descartes-Hochlands im Jahr 2001 für 94 000 Dollar verkauft.

vagabundierender Planet auf der noch in den Kinderschuhen steckenden Erde ein. Bei dem Impakt, der vor vermutlich 4,5 Milliarden Jahren stattfand, wurden sowohl der einschlagende Himmelskörper wie auch die Einschlagstelle gleichermaßen aufgeschmolzen und heiße Trümmer ins All geschleudert. Wolken von Staub und Gesteinsfragmenten, die in eine Umlaufbahn um die schwer erschütterte Erde katapultiert wurden, lagerten sich schließlich vor 4,4 Milliarden Jahren zusammen und bildeten den Mond. Da das Mondgestein aus der Urerde herausgeschleudert wurde, ist es chemisch mit dem Erdgestein verwandt, außer, dass ihm alles Wasser sowie sämtliche anderen Bestandteile, die sich als Dampf verflüchtigen konnten, entzogen wurden.

Bei der rasanten Zusammenballung des Mondes wurde so viel Wärme erzeugt, dass die oberen Schichten des neuen Trabanten zu einem 160 Kilometer tiefen Magmaozean aufschmolzen. Im Lauf der Zeit kühlte dieser Ozean allmählich ab und verhärtete zu Stein. Bruchgestein, das in der turbulenten Jugendzeit des Sonnensystems reichlich durch den interplanetaren Raum schweifte, bombardierte die noch weiche neue Kruste des Mondes und hob riesige Einschlagbecken und -krater aus. Währenddessen trieb die im Inneren des jungen Mondes gefangene radioaktive Wärme weiteres geschmolzenes Gestein an die Oberfläche, so dass sich die breiten Becken mit schwarzem Basalt füllten – und die Gesichtszüge des Mondes zeichneten.

Der Magmaozean, der den Mond bald nach seiner Geburt umhüllte, war das erste Fluid, das dort floss. Die Flüsse und Becken voll ausgestoßener Lava waren wiederum die letzte Flüssigkeit, und diese härtete vor drei Milliarden Jahren aus. Zu jener Zeit kam überall im Sonnensystem die Kraterbildung allmählich zum Stillstand, und der Mond, der seine gesamte innere Wärme verbraucht hatte, erstarrte durch und durch und verwandelte sich in ein trockenes Fossil, das nach geologischen Maßstäben allgemein als »tot« gilt.

Der ausgedörrte Mond zerrt an den Meeren der Erde, als wäre er eifersüchtig auf sie. Zweimal täglich wechseln die Gezeiten im Rhythmus der Anziehungskraft des Mondes. Die Wassermassen steigen zum einen auf der dem Mond zugewandten Seite der Erde, was intuitiv einleuchtend ist, doch dann steigen sie abermals, nachdem sie scheinbar auf die dem Mond abgewandte Erdseite gewirbelt wurden. Hier türmen sie sich allerdings nur scheinbar auf, während in Wirklichkeit die Erde durch die Anziehungskraft des Mondes unter ihnen weggezogen wird. Betrachtet man sämtliche Weltmeere auf einmal, so türmen sich die Wassermassen direkt unter dem Mond aufgrund der dort stärkeren Massenanziehungskraft des Mondes, während die Wassermassen an der gegenüberliegenden Seite der Erde gleichzeitig steigen, als wären sie erleichtert über die geringe Kraft, die sie in die entgegengesetzte Richtung zieht.

Die Gezeiten auf der Erde verdanken sich dem Zusammenwirken der Massenanziehung von Sonne und Mond, wobei Erstere eine geringere Rolle spielt, da die größere Entfernung der Sonne und deren Tendenz, alle Teile der Erde gleichmäßiger anzuziehen, ihre Gezeitenwirkung vermindert. Bilden aber Sonne und Mond mit der Erde eine gerade Linie, wie das bei Neu- und Vollmond der Fall ist, dann verschwören sich die drei Himmelskörper und lassen die Flutberge höher steigen. Solche »Springfluten«, die zu jeder Jahreszeit auftreten, verdanken ihren Namen den bis zu sechs Meter hohen Wasserwänden, die sich dann zweimal am Tag auftürmen. Kommt es zu einer Springflut-Konstellation oder Syzygie, wenn der Mond der Erde am nächsten ist, also im Perigäum, steigen die Flutberge noch höher.

Manche Menschen schwören, dieselben starken Anziehungskräfte des Mondes, welche die Gezeiten hervorrufen, könnten auch die inneren Organe eines Menschen gen Himmel heben. Weshalb sollte der menschliche Körper, der größtenteils aus Wasser besteht, sich nicht im Einklang mit den Erde-Mond-Rhythmen heben und senken? Wahrscheinlich, weil er zu klein ist. Ebenso wie die kleinen Wassermassen in Seen und Teichen nicht in Form von Gezeiten auf den Mond ansprechen, so entziehen sich auch kleine, aus Wasser bestehende Organismen den interplanetaren Wechselwirkungen. Insofern lässt sich das verbreitete Gefühl, »mondsüchtig« zu sein, am besten mit einer emotionalen Reaktion auf einen herrlichen Anblick erklären und nicht mit einem Tidenhub in den Körperflüssigkeiten. Desgleichen ist die Tatsache, dass der weiblichen Menstruationszyklus genauso lange dauert wie der Mondmonat, entweder Zufall oder ein Mysterium.

Auch wenn der Mond die Ozeane hin- und herzerrt, zieht die Erde ihrerseits den Mond mit der stärkeren Kraft ihrer größeren Masse nach unten. Durch das ungleiche Kräftemessen zwischen den beiden Himmelskörpern hat sich die Drehbewegung des Mondes auf etwa 16 Kilometer pro Stunde verlangsamt. Weil der Mond sich so langsam dreht, benötigt er für eine Rotation genauso lange wie für einen Umlauf um die Erde, bei dem er 2,4 Millionen Kilometer zurücklegt. Somit zwingt die Erde dem Mond ein gebundenes

Muster von Rotation und Umlauf auf, das »erdgebunden« genannt wird. Die erdgebundene Rotation bewirkt, dass der Mond der Erde zu allen Zeiten ehrfurchtsvoll die gleiche Seite zuwendet. Kein Wunder, dass der Mann im Mond so vertraut wirkt.

Im Vergleich zum Mond dreht sich die Erde wie toll, nämlich hundert Mal schneller. Doch auch die Erde wird aufgrund der verformenden Wirkung der lunaren Gezeitenkräfte und der dabei entstehenden Reibung jedes Jahr um ein paar Hundertstelsekunden abgebremst. Denn mit der merklichen Wirkung des Mondes auf die Gezeiten geht eine schleichende Dehnung des festen Erdbodens einher. Der Mond zieht am stärksten an jenem Teil der Erde, der ihm gerade am nächsten ist, und erzeugt dort eine Art Ausbauchung. Kaum aber hat sich ein Stück Erdoberfläche angehoben, wird dieses Gebiet dank der Erddrehung auch schon wieder unter dem Mond weggeschoben, und stattdessen gerät eine angrenzende Region in den Fokus der Mondgravitation. Da somit fortwährend ein Teil des Planeten angehoben wird und wieder zurücksinkt, verringert die beständige Reibung die Rotationsgeschwindigkeit.

Während die Erde langsamer wird, entfernt sich der Mond jedes Jahr um etwa 2,5 Zentimeter von der Erde, da die Kaskade der Gezeiteneffekte den Trabanten sachte beschleunigt. Irgendwann einmal werden die Verlangsamung der Erddrehung und das unmerkliche Abrücken des Mondes in einem Unentschieden enden, das die Erdrotation stabilisieren und der Absetzbewegung des Mondes Einhalt gebieten wird. Dann wird die Rotation der beiden Himmelskörper synchron verlaufen: Die Erde wird den Mond mit demselben wachsamen, einseitigen Blick fixieren, mit dem der Mond heute die Erde anstarrt. In jener fernen Zukunft werden Mondanbeter sich zweifellos auf jener Erdhälfte niederlassen, über welcher der Mond stets am Himmel steht, während die Bewohner der anderen Erdhemisphäre, der »abgewandten Seite«, um die halbe Welt reisen müssen, um einen Blick auf den Mond zu erhaschen.

Im Moment beläuft sich die unmerkliche Verlangsamung der Erdrotation auf gerade mal eine Millisekunde alle fünfzig Jahre. Doch diese und andere Unbeständigkeiten haben die amtlichen Zeitnehmer dazu veranlasst, nach zuverlässigeren Bezugsgrößen als der Sonne, dem Mond und den Sternen zu suchen und gelegentlich eine Extra-»Schaltsekunde« in das weltweite Kalenderjahr einzuflechten. Im Gegensatz zu einem Schaltjahr, das einen Tag länger dauert als ein normales Jahr, dauert eine Schaltsekunde genauso lange wie jede normale Sekunde. Wie das Schaltjahr bezeugt freilich auch die Schaltsekunde die frustrierenden Ergebnisse aller bisherigen Bemühungen, einen Kalender der menschlichen Angelegenheiten auf die Bewegungen der Himmelskörper zu gründen.*

Die tägliche Drehung der Erde um die eigene Achse und ihr jährlicher Umlauf um die Sonne lassen sich nicht so leicht mit der monatlichen Umlaufbahn des Mondes verzahnen.

---

* Eine Sekunde, die einst einen durchschnittlichen Sonnentag in 86400 gleiche Teile teilte, wird heute definiert als die Zeit, die ein Caesium-133-Atom benötigt, um 9192631770 natürliche Schwingungen auszuführen. Seit 1972 fügte der International Earth Rotation Service 24 Schaltsekunden ein, und zwar stets zu Beginn des Januar und des Juli.

Die Kombination von Sonnen- und Mondzeitpunkten er-
forderte schon immer ausgeklügelte Formeln für den Wechsel zwischen zwölf und dreizehn Monate langen Jahren (was
vor langer Zeit dazu führte, dass die Zahl Dreizehn zur Un-
glückszahl wurde) oder auch für die Aufstellung von Regeln
für die Dauer der Monate selbst.

Obwohl eine Atomuhr ein besserer Zeitmesser ist als der
Tanz der Planeten, muss sie doch entsprechend nachgestellt
werden und sich der Autorität der unpräzisen Gestirne beu-
gen. Denn was nützt es, der Erde überheblich die Leviten zu
lesen, weil sie eine Sekunde zu spät dran ist, wenn der Frühling sowieso kommt, wann er will?

Auf dem Mond werden Tag und Jahr gleichermaßen in
einer einzigen Zeitspanne – unserem Mondmonat – gemessen. Im Lauf dieses täglichen Jahres, in dem sich der Mond
um seine Achse und um die Erde dreht, breiten sich Sonnenlicht und -wärme zuerst über die eine Mondhemisphäre aus
und dann über die andere. So gewähren sie jeder der beiden
etwa zwei Wochen anhaltendes Tageslicht, gefolgt von einer
eisigen zweiwöchigen Nacht.

Viele meinen, die erdabgewandte Seite des Mondes sei
dunkel, da sie dem Betrachter auf der Erde ständig verborgen bleibt, doch auch sie durchläuft Phasen, die sich kom-
plementär zu den ganz oder teilweise beleuchteten Phasen
verhalten, die wir auf der erdzugewandten Seite beobachten.
So wie das Sonnenlicht immer eine Erdhälfte bescheint, beleuchtet es auch die erdabgewandte Seite des Mondes.

Die Apollo-Astronauten, die auf dem Mond spazieren
gingen, landeten auf der erdzugewandten Seite, am frühen
Mondmorgen, ehe die Temperatur auf ihr Mittagshoch von

113

über 100 °C stieg. Selbst die letzten beiden Apollo-Teams, die sich drei Erdtage auf der Mondoberfläche aufhielten, kamen und gingen innerhalb eines halben Mondmorgens.

Keiner von ihnen setzte seinen Fuß auf die abgewandte Seite, doch alle sahen ihre fremdartige Landschaft mit eigenen Augen, als sie in ihrem Raumschiff den Mond umkreisten, und sie sind bis heute die einzigen Menschen, die einen Blick von der fernen Seite erhascht haben. Sie könnten der freudigen Erregung, die sie bei diesem Anblick befiel, freien Lauf gelassen haben, da hinter dem Mond der Funkkontakt mit Houston und mit der Erde überhaupt abbrach. Piloten des Apollo-Mutterschiffs, die in der Umlaufbahn verblieben, während die Landeteams auf der Oberfläche arbeiteten, verspürten auf der erdabgewandten Seite das Gefühl tiefer Einsamkeit; es schien, als wären sie völlig von der menschlichen Zivilisation und auch von ihren Teamgefährten abgeschnitten, und zwar bei jeder zweistündigen Mondumrundung 48 Minuten lang. Die abgewandte Seite des Mondes ist die einzige Region im gesamten Sonnensystem, die taub ist für das Funkrauschen auf der Erde.

Die erdabgewandte Seite des Mondes weist, wie die »Schattenseite« eines jeden Wesens, nur wenig Ähnlichkeit mit dem Gesicht auf, das er der Erde zeigt. Krater übersäen das gesamte Gebiet, und zwar in so großer Zahl, dass sie ineinander übergehen. Außerdem sieht man kaum eine der dunklen flachen Weiten, in die sich Lava ergossen hat und die ein markantes Kennzeichen der Vorderseite sind. Die dickere Kruste auf der Rückseite des Mondes hemmte offenbar die Lavaaustreibung von innen.

Sämtliche geologischen Bildungsprozesse auf dem Mond

kamen vor etwa drei Milliarden Jahren zum Stillstand, nachdem ein letztes schweres Bombardement das Sonnensystem von einem Großteil der bedrohlichen massiven Geschosse säuberte. Heute wird der Mond im Schnitt nur noch alle drei Jahre von einem Meteoriten mit einer Masse von mindestens einer Tonne getroffen. Gelegentliche Mondbeben kann man beruhigt als schwache Reaktion auf die Einwirkung von Gezeitenkräften abtun; hier wird kein aktiver Planet mit glutflüssigem Kern von inneren seismischen Kräften durchgerüttelt.

Nur Mikrometeoroiden fallen noch stetig auf den toten Mond und lassen die Staubschicht jedes Jahr einen Millionstelmillimeter dicker werden. Dieser Zustrom stellt die stärkste tektonische Kraft dar, die heute auf dem Mond am Werk ist. Mondforscher nennen diesen Vorgang »Umwühlen«, denn die neu einfallenden Kleinstkörper vermengen sich mit dem unfruchtbaren »Mondboden« und graben ihn dabei um. Dieser sanfte Vorgang stört kaum das gegenwärtige Stillleben auf dem Mond – die stattliche Reihe wissenschaftlicher Instrumente, die verstreut herumliegenden abgebrannten Raketenstufen und die drei geparkten Rover-Fahrzeuge.

Von den persönlichen Talismanen, die absichtlich zurückgelassen wurden, zieht vor allem der Schnappschuss eines Astronauten mit Frau und Kindern die Aufmerksamkeit auf sich. Jemand machte sich die Mühe, das Foto mit einer Plastikhülle zu schützen – als könnte ihm auf der trockenen, ereignislosen Mondoberfläche, wo ein Stiefelabdruck eine Lebenserwartung von einer Million Jahre hat und jeder Staubpartikel unsterblich ist, irgendetwas geschehen.

7 SCIENCE-FICTION

Mars

Nennt mich »Es« oder nennt mich bei meinem Taufnamen »Allan Hills 84001« – selbst »Marsbrocken« tut's. Ich bin zwar nur ein Stein und kann nicht antworten, doch möge der geneigte Leser mir die Einbildung gestatten, nur für ein paar kurze Seiten, ich hätte so etwas wie Bewusstsein und die Vollmacht, für Mars zu sprechen, von dem ich stamme – der Zufall und die Gesetze der Physik haben mich auf die Erde verschlagen.

Von den 28 Marsmeteoriten, die bisher eindeutig identifiziert wurden, bin ich bei weitem der älteste und der einzige, bei dessen mikroskopischer Untersuchung Formen und Rückstände im Inneren zum Vorschein kamen, die jenen gleichen, wie sie von primitiven Bakterien auf der Erde gebildet werden. Diese Befunde machten mich zu dem am besten untersuchten Stein aller Zeiten.

Man könnte vermuten, ich sei in den 13 000 Jahren, die ich auf antarktischen Eisfeldern verbrachte, ehe Wissenschaftler mich 1984 dort aufsammelten, von irdischen Lebensformen kontaminiert worden. Die Wissenschaftler gingen ganz gewiss von einer Kontamination aus, bis sie diese Möglichkeit verwarfen und halb ungläubig zu dem Schluss gelangten, es sei wahrscheinlicher, dass ich auf meinem Heimatplaneten einst kleine Lebewesen beherbergte – Geschöpfe, die vielleicht schon ausgestorben waren, als ich durch die Wucht des Einschlags eines Asteroiden vor 16 Millionen Jahren von der Marsoberfläche geschleudert wurde.

Meine Geschichte, die nach Ansicht der Menschen mit der Marsgeschichte übereinstimmt, scheint fest mit Leben auf dem Mars verbunden zu sein, obwohl ich diesbezüglich nur vage Informationen liefere. Ich habe wenig über fossiles Leben zu sagen, und zu Spekulationen über Leben auf dem Mars heute kann ich noch weniger beitragen. Ich stelle daher keine kühnen Behauptungen auf, damit ich nicht mit fiktiven Aliens wie den Riesen-Sandwürmern auf Arrakis oder anderen außerirdischen Fabelwesen wie den wilden Thoats, grünen Männchen und weißen Riesenaffen auf Barsoom in einen Topf geworfen werde.*

Mein marsianischer Ursprung ist indes unbestreitbar. Meine Beschaffenheit spiegelt die chemische Zusammen-

---

* Siehe zum Beispiel Herbert Frank, *Der Wüstenplanet* (1965), und Egar Rice Burroughs, *Die Götter des Mars* (1918).

setzung von Gesteinen und Staub wider, die *in situ* auf der Planetenoberfläche sowie von Raumsonden auf nahen Umlaufbahnen untersucht wurden. Spuren von Gasen, die in glasartigen Blasen in meiner Matrix (Grundmasse) eingeschlossen sind, stimmen exakt mit der Zusammensetzung der Proben überein, die aus der Marsatmosphäre entnommen wurden, Element für Element und in derselben relativen Häufigkeit seltener Isotope. Meine außerirdische Herkunft hätte vor dem gegenwärtigen Raumfahrtzeitalter nicht nachgewiesen werden können, und doch gelangte ich ohne künstliches Transportmittel zur Erde.

Der Himmelskörper, der mich auf die Reise schickte, hob bei seinem Einschlag auf der Marsoberfläche ein mehrere Kilometer breites Loch aus. Astronomen glauben, diesen Krater auf Satellitenaufnahmen des Mars in der Nähe eines kleinen Tals in den südlichen Hochländern ausgemacht zu haben. Durch die Wucht des Aufpralls wurden Tonnen von Krustengestein mit hoher Geschwindigkeit in die dünne Atmosphäre geschleudert, und die sich am schnellsten bewegenden Trümmerstücke – diejenigen, die so stark beschleunigt wurden, dass sie die lokale Entweichgeschwindigkeit von knapp 5 Kilometern pro Sekunde übertrafen – enteilten für immer dem Griff des Planeten.

Als Bewohner einer kraterreichen Marsregion war ich an Meteoriteneinschläge gewöhnt und trug tatsächlich noch eine Narbe von einem früheren Impakt, bei dem ich heftig gequetscht und aufgeheizt wurde. Nun aber wurde *ich selbst* zum Meteoriten, oder genauer gesagt zu einem Meteoroiden, das heißt zu einem echten Weltenbummler, der sich von einem Planeten gelöst hatte und noch nicht auf einem anderen gelandet war. Nachdem ich 16 Millionen Jahre scheinbar ziellos umherwanderte, kam ich schließlich so nahe an die Erde heran, dass ich von ihrer Schwerkraft, die dreimal stärker ist als die Anziehungskraft des Mars, erfasst wurde. Eigentlich hätte ich, wie die meisten Meteoriten, die den glühenden Einfall auf die Erde überstehen, in einem der Ozeane verschwinden müssen, doch der Zufall wollte es, dass ich während der letzten Eiszeit auf einem Bett aus gefrorenem Wasser in der Nähe des Südpols niederging.

Schnee fiel, bedeckte mich und wickelte mich in den langsam fließenden Gletscher ein, und so krochen wir gemeinsam Tausende von Jahren voran. Erst als wir die Allan-Berge erreichten und versuchten, sie zu erklimmen, zogen mich die scharfen Klippen und die arktischen Winde aus dem Eis und ließen mich ein weiteres Mal schutzlos an der Oberfläche liegen.

Die Wissenschaftler kamen in sieben Schneemobilen in »Fächerformation« und jagten dunkle Steine auf dem blauweißen Eis; sie waren fest davon überzeugt, alle derartigen Funde würden sich als extraterrestrische Objekte erweisen, die vom Mond, aus dem Asteroidengürtel oder vom Mars stammten. Obwohl ich nicht größer bin als ein quadratischer Softball oder eine knapp vier Pfund schwere Kartoffel, erspähten sie mich sehr schnell, weil ich mich so deutlich vom Untergrund abhob. In der blendenden Weite aus Eis und Licht erschien ich ihnen als »dieser grüne Stein«; erst später im Labor verblasste ich zu Grau, zu einem »matten Grau«.

Ich wurde per Flugzeug in die Vereinigten Staaten gebracht, ins Johnson Space Center in Houston, Texas, wo man mittels zweier unabhängiger Radioisotopen-Messungen mein Alter bestimmte. Zum einen wurde der Anteil an Samarium gemessen, der in meinem Inneren zu Neodymium zerfallen war, zum anderen das Ausmaß der radioaktiven Umwandlung von Rubidium in Strontium. Beide Untersuchungen ergaben dasselbe Resultat, nämlich dass seit meiner Kristallisierung 4,5 Milliarden Jahre verstrichen waren, wenngleich diese Tests nichts über meine Herkunft aussagten. Zunächst hielten die Prüfer mich für Erstarrungsgestein vom Asteroiden Vesta, doch später beschossen sie ein paar Körnchen von mir mit einem schmalen Elektronenstrahl und regten damit meine an der Oberfläche liegenden Atome dazu an, Röntgenstrahlen auszusenden, die die ganze Wahrheit meiner außerirdischen Zusammensetzung enthüllten, insbesondere die Form von Eisen, die ich enthalte und anhand deren ich definitiv als Marsianer identifiziert wurde.

Mein extrem vorgerücktes Alter unterscheidet mich von anderen bekannten Marsmeteoriten. Mit 4,5 Milliarden Jahren bin ich viermal so alt wie der Zweitälteste aus der Gruppe, was darauf schließen lässt, dass ich ein Stück aus der ursprünglichen Marskruste bin. Bisher wurde noch kein vergleichbarer irdischer Stein gefunden, denn die ältesten Exemplare sind höchstens 4 Milliarden Jahre alt, und nur ein einziger Stein, der vom Mond stammt, der so genannte Genesis-Stein, kann es mit meinem außerordentlichen Alter aufnehmen.

Als robustes Relikt aus der Urzeit des Sonnensystems habe ich mich praktisch unverändert über Äonen erhalten, in denen ich leicht von einem einschlagenden Himmelskörper zu Pulver hätte zermahlen oder in einem Vulkan hätte zerschmolzen werden können, um nach dem Abkühlen in neuer Gestalt wiederzuerstehen.

Mars legt großen Wert auf Langlebigkeit. Der überwiegende Teil der Marsoberfläche hat sich seit der Entstehung des Planeten kaum verändert, während Erde und Venus ihre Oberflächen durch stete Umformungsprozesse neu erfinden. Dennoch ist Mars kein sklavischer Bewahrer wie Mond oder Merkur, deren statische Landschaften fast gänzlich durch Kräfte von außen geformt wurden. Im Gegenteil, mein Heimatplanet, ein kugelförmiger Körper nur halb so groß wie die Erde, faltete die höchsten Gebirge im Sonnensystem auf, meißelte riesige labyrinthartige Täler, überschwemmte weite Flächen mit flüssigem Wasser und gefror dann zu einer Wüste aus spektakulären Dünen in einer Farbpalette von Rot-, Gelb- und Brauntönen, die so intensiv sind, dass Mars, von weitem gesehen, wie ein orangefarbener Stern leuchtet.

Die Marslandschaft beherbergt eine Wüste, die mehr aus Staub als aus Sand besteht; wenn deren feine, weiche, eisenreiche Partikeln aus verrostetem Staub wie ein Rauchschleier am Himmel hängen, geben sie der Luft ihre Farbe. Die überwiegend aus Kohlendioxid bestehende rötliche Atmosphäre übt auf Bodenhöhe einen kaum merklichen Druck aus, der lediglich ein Hundertstel des auf der Erde herrschenden Drucks beträgt, doch die atmosphärischen Winde wirbeln den Sand ungeheuer auf! Einsame Staubteufel ziehen sich spiralförmig in die Höhe und schlängeln sich durch offene Räume. Staubmassen steigen in wirbelnden, fahlen Sturmfronten auf, die tagelang wüten können und sich bisweilen zu globalen Stürmen auswachsen, welche den gesamten Mars monatelang einhüllen, bis die staubbeladene Atmosphäre ihrer Last schließlich müde wird.

Strahlend weiße Eiskappen an den Planetenpolen breiten sich im Rhythmus eines jahreszeitlichen Wetterzyklus bald über den rötlichen Boden aus, bald ziehen sie sich wieder zurück. Zwischen den Polen teilt sich das Land in zwei ungleiche Hälften, wobei sich der größte Teil der uralten, kraterübersäten Hochländer im Süden konzentriert, woher ich stamme, während die jüngeren, tieferen Ebenen vorwiegend in der nördlichen Hemisphäre liegen. Diese fernen nördlichen Ebenen liegen so tief, dass der Planet Schlagseite zu haben scheint, weil sein Südpol sechseinhalb Kilometer weiter vom Äquator entfernt ist als der Nordpol.

Unmittelbar nördlich des Äquators erlangte der mächtige Olympus Mons eine Höhe, die den übereinander geschichteten Alpen, Rocky Mountains und dem Himalaja entspricht. Dies geschah bereits früh in der Marsgeschichte, als die Restwärme aus der Zeit der Planetenbildung in Lavaeruptionen entwich, bei denen genügend schmelzflüssiges Material ausgeworfen wurde, um ein Dutzend gigantische und viele kleine Berge aufzutürmen. Seither mussten die Marsgipfel an ihren Flanken zwar viele kratertiefe Einschläge hinnehmen, sie litten aber kaum unter Erosion. Aus den weißen Wasserdampfwolken rund um ihre Gipfel fällt kein Regen, der die Berghänge abwaschen könnte, und die vorbeiziehenden Winde führen nur feine, weiche Lehmstaub-Partikeln mit sich, die fast zu weich sind, das Gestein abzutragen.

Östlich vom Olympus zerspalteten vor ewigen Zeiten Brüche und Verwerfungen Tausende Kilometer Boden und meißelten die Canyons des Valles Marineris heraus. Erdrutsche weiteten diese Schluchten, während brausende Wasser sie vertieften und tränenförmige Inseln auf ihrem Grund formten, doch all die von Steilwänden eingefassten Täler sind heute, da die Wasservorräte des Mars unsichtbar geworden sind, trocken und leer.

Das wärmere, feuchtere Klima der fernen Vergangenheit endete womöglich abrupt, als durch die Einschläge, die die breitesten, tiefsten Becken des Mars aushoben, Wasserdampf und Stickstoff, die einst die Atmosphäre dichter gemacht hatten, weggeblasen wurden. Daraufhin verzog sich das flüssige Wasser auf allen erdenklichen Wegen von der Oberfläche: Es verdunstete und verflüchtigte sich im All oder es sickerte in Grundwasserleiter unter der Marsoberfläche, in denen es seither als Permafrost schlummert.

Meine eigene Marserfahrung reicht in eine Zeit zurück, als es dort noch flüssiges Wasser gab. Vor 1,8 bis 3,6 Milliarden Jahren – näher können Kosmochemiker es nicht eingrenzen – umspülte mich Wasser aus heißen Marsquellen, drang in die Risse, die ich bei früheren Einschlägen erlitten hatte, und kleidete diese Risse mit charakteristischen Adern aus Karbonatmineralien aus. Heute bestehe ich etwa zu einem Zehntel aus diesen abgelagerten Mineralien, und alle Spuren von Leben in meinem Inneren sind darin eingeschlossen.

So verblüffend und beispiellos meine Fracht aus echten außerirdischen Biomolekülen auch sein mag, die Wissenschaft *begrüßt* diese Möglichkeit. Die Kräfte, die vor drei, vier Milliarden Jahren die Entstehung des Lebens auf der Erde auslösten, könnten in jener Frühzeit das Gleiche auf dem Mars bewirkt haben. Selbst wenn man davon ausgeht, dass unter allen Planeten allein die Erde Leben hervorbrachte, ist es trotzdem vorstellbar, dass zumindest ein Archaebakterium, versiegelt im Inneren eines Meteoroiden, in einem sporenähnlichen Zustand der Anabiose (»Scheintod«) die Erde verließ und durch dieselbe Verkettung von Umständen auf den Mars verschlagen wurde wie ich hier auf die Erde. Das Sonnensystem existiert gewiss lange genug, als dass sich eine derartige Abfolge von Ereignissen abgespielt haben könnte, vielleicht sogar mehrfach.

Um die Spuren in meinem brüchigen Inneren zu deuten, müssen die Vorstellungskraft und die Messtechnik in neue Grenzbereiche vorstoßen. Bilder aus hoch auflösenden Rasterelektronenmikroskopen zeigen bakterienähnliche Kolonien winziger, wurstförmiger Gebilde, darunter eines mit Segmenten wie bei einem Wurm. Nachdem 1996 Nahaufnahmen veröffentlicht wurden, deuteten weitere Untersuchungen jedoch darauf hin, dass die mutmaßlichen Mikrofossilien keine Überreste von marsianischen oder irdischen Lebensformen waren, sondern Artefakte labortechnischer Verfahren, die man angewandt hatte, um Proben von mir für die Untersuchungen vorzubereiten. Diese Verfahren hatten Strukturveränderungen hervorgerufen, die unerklärlicherweise die Konturen vertrauter Lebensformen nachahmten – so wie ein windumtoster Tafelberg auf dem Mars zufällig die Konturen eines menschlichen Gesichts annehmen kann.

Drei weitere viel versprechende Indikatoren für Leben, darunter mein Gehalt an organischen Molekülen namens polyzyklische aromatische Kohlenwasserstoffe, erbrachten keinen schlüssigen Beweis Nach wie vor ungeklärt ist die Entstehung der kleinen Magnetitkörnchen rund um meine Karbonatkügelchen. Kein anorganischer Prozess bringt, so weit bislang bekannt, diesen Typ reinen Magnetits hervor, der auf der Erde von wasserbewohnenden Bakterien vom Stamm MV-1 produziert wird. Die dunklen, unverwechselbaren Kristalle sind alles, was jetzt noch die von mir geweckte Hoffnung auf Leben auf dem Mars aufrechterhält, doch diese genügen.

Die seit langem ernsthaft erwogene Hypothese, dass auch der Mars Leben beherbergen könnte, wird durch den festen Boden des Planeten und das erdähnliche Muster von Tagen und Nächten bestärkt. Ein Marstag dauert nur eine gute halbe Stunde länger als ein Erdtag, da sich die beiden Himmelskörper mit nahezu derselben Geschwindigkeit drehen. Außerdem weisen ihre Rotationsachsen fast die gleichen Neigungswinkel auf: die des Mars ist um 25 Grad und die der Erde um 23,5 Grad geneigt, was den ähnlichen Zyklus der Jahreszeiten in einem Jahr erklärt.

Die größere Ausdehnung der Marsbahn bewirkt, dass jede Jahreszeit dort länger dauert, denn der Mars benötigt 687 Erdentage, um – mit geringerer Geschwindigkeit – seinen längeren Weg um die Sonne zurückzulegen. Alle Jahreszeiten sind kalt, bei einer globalen mittleren Jahrestemperatur von minus 40 °C, im Vergleich zu den 15 °C auf der Erde. Die vorherrschende Kälte schließt jedoch nicht die Möglichkeit von Leben aus; man denke nur an all die scheinbar ungastlichen Nischen auf der Erde – im Inneren tiefseeischer Vulkanschlote, in Öllagerstätten, in unterirdischem Steinsalz –, die Tubenwürmern, blauäugigen pinkfarbenen Schlotfischen und anderen bekannten Extremophilen als Behausung dienen.

Alle 15 bis 17 Jahre nähern sich Erde und Mars auf ihren

Umlaufbahnen einander bis auf 56 Millionen Kilometer an, wobei der Mars in diesen Zeiten im Fernrohr dreifach größer erscheint als sonst. Diese Annäherungsrhythmen gaben übrigens auch das gewissermaßen natürliche Tempo früherer Entdeckungen vor. Als sich Mars beispielsweise im August 1877 in erdnaher Position befand, offenbarten sich seine seit langem theoretisch vorhergesagten Monde endlich als zwei kleine dunkle Gefährten, Phobos und Deimos, die gerade noch wahrnehmbar waren. Sie bewegen sich so schnell, dass Mondmonate auf dem Mars, nach den Umlaufzeiten dieser Trabanten berechnet, nur Stunden betragen würden.

Bei derselben Annäherung der beiden Planeten im Jahr 1877 wurde von Italien aus ein System geradliniger *canali* auf dem Mars gesichtet und auf neuen Marskarten eingezeichnet. Diese »Rinnen«, wie die korrekte Übersetzung aus dem Italienischen lautet, wurden rechtzeitig vor der nächsten Annäherung 1892 als »Kanäle« übersetzt. Damals versicherte ein amerikanischer Schwärmer, er habe mehrere hundert Kanäle erspäht, und er führte ihr Vorhandensein schon bald auf die verzweifelten Bewässerungsbemühungen einer aussterbenden Rasse zurück.*

Die fixe Idee eines Alter Ego auf dem Mars beherrschte die Vorbereitungen auf die nächste Marsannäherung im August 1924, als zivile und militärische Rundfunksender eine dreitägige Funkstille vorschlugen, damit man ungestört den intelligenten Signalen der Marsmenschen lauschen könne. Der Leiter des Fernmeldewesens der US-Armee erhielt

---

* Siehe Percival Lowell, *Mars* (1895), *Mars and its Canals* (1906) und *Mars as the Abode of Life* (1908).

die Weisung, alle aufgefangenen Funksprüche zu entschlüsseln, und auch wenn seine Fähigkeiten bei dieser Gelegenheit nicht auf die Probe gestellt wurden, vermeldeten britische und kanadische Funker mehrere unidentifizierte Funksignale. Währenddessen entboten Beobachter in den Schweizer Alpen dem Mars einen Gruß in Form eines durch eine Linse verstärkten Lichtstrahls, der von den schneebedeckten Hängen der Jungfrau reflektiert wurde, und Astronomen bestätigten, dass es sich bei den sich bewegenden leuchtenden Punkten, die sie durch verbesserte Teleskope sahen, um Wolken in der Marsatmosphäre handele.

Statt Jahrzehnte zu warten, bis die Planeten sich wieder in Positionen begaben, die ihre Erforschung erleichterten, begannen Planetologen und Raketenforscher in den 1960er Jahren, ideale Startgelegenheiten, die sich alle 26 Monate ergeben, zu nutzen, um eine Reihe von Raumsonden Richtung Mars zu schicken, die an dem Planeten vorbeifliegen, in einen Orbit um ihn einschwenken oder gar auf ihm landen sollten. Diese Raumfahrzeuge folgten der berechneten energetisch günstigsten Route der Hohmann-Übergangsbahn, auf der sie in weniger als einem Jahr von der Startrampe auf der Erde zum Schnittpunkt mit der Marsbahn gelangten, genau rechtzeitig, um den Planeten an diesem Punkt abzufangen.*

Diverse Pannen sorgten dafür, dass die Hälfte der Marssonden ihr heikles Ziel nicht erreichte oder an ihrem Bestimmungsort nicht richtig funktionierte, so auch drei Lande-

---

* Siehe S. Glasstone, *The Book of Mars*, NASA-Sonderveröffentlichung 179 (1968).

einheiten, die Bruchlandungen machten und sich bei der Bodenberührung selbst zerstörten. Doch es gab auch zahlreiche Erfolge – so errichteten fünf Landeroboter sowohl stationäre als auch mobile Feldlabors, die vollautomatisch Luft- und Bodenproben nahmen.

Viking 1 und *2*, das erste Paar Zwillings-Forschungsroboter von der Erde, die nach Leben auf dem Mars fahndeten, erreichten die goldenen Ebenen Chryse und Utopia im Sommer 1976, als ich noch in der winterlichen Antarktis begraben lag. Ihre Landestellen waren nach klassischen Fantasien und vagen Impressionen, die sich das neunzehnte Jahrhundert von meiner Heimat gemacht hatte, benannt. Selbst heute noch, nachdem Vermessungen vor Ort die tatsächliche Marstopographie aufgeklärt haben, bleiben viele romantische Anspielungen in der ansonsten logisch stringenten, von modernen Areographen erstellten Nomenklatur bestehen. So tragen die großen, ausgetrockneten Flusstäler, die in den frühen 1970er Jahren entdeckt wurden, wie zum Beispiel Ares Vallis und Ma'adim Vallis, dem Kriegsgott Mars beziehungsweise dem Wort »Stern« in vielen menschlichen Sprachen Rechnung – die einzige Ausnahme ist Valles Marineris, das größte Tal überhaupt, das seinem Entdecker *Mariner* 9 die Ehre erweist, dem ersten künstlichen Satelliten, der je einen anderen Planeten als die Erde umkreiste. Die kleineren Täler sind nach irdischen Flüssen aus dem Altertum oder der Gegenwart benannt. (Evros Valles in der Nähe meines ehemaligen Zuhauses teilt seinen Namen mit einem Fluss in Griechenland.)

Große, alte Marskrater, die man vor kurzem gesichtet hat, tragen nun die Namen von Wissenschaftlern und Science-

Fiction-Autoren, darunter Burroughs und Wells, und kleine Krater die Namen von Kleinstädten auf der Erde mit weniger als 100 000 Einwohnern. Auf der Skala der größten Detailgenauigkeit erhielten einzelne Gesteinsbrocken, die auf den Präzisionsfotos von Landungssonden entdeckt wurden, skurrile Namen aus Cartoons und Kinderbüchern, wie etwa Calvin und Hobbes, Puh der Bär, Rocky und Bullwinkle, oder Spitznamen, die sich auf ihr Aussehen beziehen: »Lunchbox« (»Brotzeitdose«), »Lozenge« (»Rhombus«) und »Rye Bread« (»Roggenbrot«). Obwohl mein Name spezifisch und beschreibend ist, nannten mich Forscher bei Diskussionen hinter verschlossenen Türen auch schon mal »Big Al« oder gaben mir andere passende Spitznamen.

Inzwischen leisten einige Raumfahrzeuge schon so lange treue Dienste auf dem Mars, und sie haben stetig solche Datenmengen übermittelt, dass Geologen und Klimatologen auf der Erde langfristige Trends verfolgen können, vor allem die flüchtige Natur der Polkappen des Mars. Im Süden rieselt zu Beginn eines jeden Herbstes ein Drittel der Atmosphäre als weißer Reif aus Kohlendioxid wie Pulverschnee aus dem lachsfarbenen Himmel. Das Trockeneis macht die südliche Polkappe einen knappen Meter dicker und bedeckt die südliche Hemisphäre bis halb zum Äquator den ganzen Winter hindurch, der im Süden die längste Jahreszeit ist. Wenn der Frühling kommt, verflüchtigt sich der weiße Reif direkt in die Atmosphäre, ohne sich die Zeit zum Schmelzen zu nehmen. Doch bald schon verlässt er den Himmel erneut und schlägt sich auf dem Nordpol nieder, sobald dort der Herbst einzieht.

Bei anderen Untersuchungen maßen auf dem Mars stationierte Raumsonden die Stärke des Schwerefelds meines Heimatplaneten, bestimmten die Zusammensetzung der Atmosphäre und den Atmosphärendruck, stoppten Windgeschwindigkeiten, verglichen die Höhe der Berge mit der Tiefe der Becken, horchten auf Bodenhöhe nach Marsbeben und entdeckten zudem im Innern einen Eisenkern, der sich längst verfestigt hat und kein Magnetfeld mehr erzeugen kann.

Tatsächlich sondieren gegenwärtig so viele Raumfahrzeuge gleichzeitig das Marsreich und übermitteln so viele tausend Aufnahmen, dass das Bild des Planeten für irdische Augen immer filigraner und komplexer wird. Entsprechend werden ständig neue Theorien herangezogen, so dass sich mit der Zunahme der Missionen auch die Kontroversen unter Planetologen verschärfen.

Der Mars könnte all diese Untersuchungen als feindliche Übergriffe auslegen.[*] Die Abgesandten von der Erde stießen jedoch auf kein Geschöpf, das allergisch auf diese Invasion reagiert hätte, und auf nur ganz geringe, höchst uneindeutige Spuren biologischer Aktivität. Der rötliche Marsstaub, der reich an Eisenperoxid und anderen oxidierenden Substanzen ist, sterilisiert automatisch sich selbst und alle Neuankömmlinge. Organische Moleküle, die auf Meteoriten oder mit Raumfahrzeugen zur Marsoberfläche gelangen, werden durch das extrem reaktionsfreudige chemische Milieu, das heute dort herrscht, sofort zerstört. Jedes organische Material, das diesen chemischen Angriff überstünde, würde zweifellos durch die ultraviolette Strahlung der Sonne zerlegt, da

---

[*] Siehe H. G. Wells, *Krieg der Welten* (1898).

die Marsatmosphäre keinen mit der Ozonschicht der Erde vergleichbaren Schutz bietet.

Astrobiologen behaupten weiterhin, dass sich das Leben auf dem Mars wie die einst reichlich vorhandenen Marsgewässer schlicht in den Untergrund verzogen haben könnte, um besagten Gefahren zu entgehen, und dass noch existierende oder ausgestorbene Lebensformen entdeckt werden könnten, sofern man nur eifrig genug danach sucht. Astronomen stimmen dem zu und erklären, dass die einzigartige Umwelt auf dem Mars auch weiterhin Roboter und Raumfahrer an seine gefrorenen Gestade locken werde, selbst wenn er sich letztlich doch als verwaist erweisen sollte.

Manche Visionäre sehen im Mars eine potenzielle Heimstatt der Menschheit, die ihrer Kolonisierung harre.* Realistische wissenschaftliche Programme zur »Terrarisierung« des Mars, mit dem Ziel, ihn erdähnlicher zu machen, beinhalten die Anlage geeigneter Biotope, etwa dadurch, dass man den Südpol mit riesigen Spiegeln im Weltall, die das Sonnenlicht fokussieren und verstärken, erhitzt und so die restliche Polkappe aus Kohlendioxid dazu zwingt, sich wie ein Geysir aus Treibhausgas zu verflüchtigen. Reines Trinkwasser könnte sich in der derart erwärmten Atmosphäre aus dem Eis am Nordpol ergießen, oder man könnte es aus dem reichlich vorhandenen Permafrost unter der Marsoberfläche schürfen oder auch in ausgewählten Gebieten auf chemische Weise aus der hart gewordenen Planetenkruste extrahieren.

---

* Siehe Arthur C. Clarke, *The Sands of Mars* (1951), Robert A. Heinlein, *Der rote Planet* (1952), Kim Stanley Robinson, *Roter Mars* (1993), *Grüner Mars* (1995), *Blauer Mars* (1997).

Andere Wissenschaftler behaupten, sie könnten denselben Effekt auf andere Weise erzielen, indem sie eine geeignete Umwelt für ein paar besonders robuste Mikrobenarten erzeugten und diese im Marsregolith freisetzten. Die Mikroben könnten die dort enthaltenen Nährstoffe aufnehmen und Gase wie Ammoniak und Methan als Stoffwechselprodukte ausscheiden; diese Gase könnten die Atmosphäre so weit verdichten, dass sie mehr Wärme zurückhält, was wiederum die Umgebungstemperatur ansteigen ließe und eine »Druckkabinenatmosphäre« erzeugte, in der man nicht mehr auf Raumanzüge angewiesen wäre.

Diejenigen, die glauben, der interplanetare Wohnortwechsel sei das Schicksal der Menschheit, gehen davon aus, dass, ungeachtet der Frage, ob der Mars einmal von intelligenten Marsmenschen bewohnt war oder nicht, die Erdlinge irgendwann zu Marsmenschen werden.*

Ich stelle sie mir vor, wie sie sich auf der kargen Oberfläche, gekleidet in speziell angefertigte Marsschutzanzüge und in gewölbten Modulen lebend, unter einem künstlich erzeugten Magnetfeld, das sie vor schädlichen kosmischen Strahlen abschirmt, abquälen, um sich die Windenergie nutzbar zu machen und die örtlichen Vorkommen an schwerem Wasserstoff in elektrischen Strom umzuwandeln. Während sie sich in der Wüste betätigen, Nutzpflanzen in Gewächshäusern ziehen und nach hochwertigen Erzen schürfen, erkunden sie den Planeten sorgfältig weiter, reisen per Traktor und zu Fuß über Land, erklettern Berge und erforschen

---

* Siehe Ray Bradbury, *Die Mars-Chroniken* (1950).

Höhlen, wobei sie immer noch halb hoffen, halb fürchten, widerrechtlich fremdes Terrain zu betreten.

Vermutlich werden sie durch ein tief verwurzeltes Bewusstsein der Vergänglichkeit alles Lebendigen dazu getrieben, an jedem erdenklichen Zufluchtsort nach weiterem Leben zu suchen. Selbst wenn es ihnen gelingt, nachkommenden Generationen den Weg zu bereiten und die Grundlagen für eine große Marszivilisation zu legen, werden sie stets nach Spuren dessen suchen, was möglicherweise vor ihrem Eintreffen im rötlichen Staub herumwühlte.

8 Astrologie

Als Galilei, ein Fisch mit Aszendent Löwe, im Winter 1610 sein Fernrohr in den Nachthimmel über Padua richtete, »geführt«, wie er sagte, »von einem rätselhaften Schicksal«, enthüllte sich ihm Jupiter mit vier neuen Monden, die noch kein Mensch vor ihm erblickt hatte.

Galilei dankte Gott dafür, dass er ihm diese Ansichten gewährte, und er rühmte sein neues Fernrohr als das Mittel, das ihm diese Entdeckungen ermöglichte. Doch zweifellos wurde sein Erfolg auch durch die Stellung der Planeten während jener Januarnächte begünstigt. Denn Venus versteckte sich zusammen mit Merkur hinter dem Horizont. Saturn ging früh am Abend unter, und zu dem Zeitpunkt, da Mars aufging, drei Stunden vor Tagesanbruch, hatten Kälte und Müdigkeit Galilei schon längst wieder in die warme Stube getrieben. Selbst der Mond war zwar zu Beginn von Galileis Nachtwache fast voll, doch zog er sich dann allmählich zurück und überließ dem leuchtenden Jupiter das Feld, der im Gegenschein strahlte und nun allein unter den Sternen umherschweifte.

Kaum dass Galilei die vier Begleiter des Planeten entdeckt hatte, begriff er, was sie für seine persönliche Zukunft verhießen: Er würde vielleicht eine Anstellung am Hof des Großherzogs der Toskana erlangen, wenn er die Trabanten nach seinem mächtigsten Schutzherrn, dem jungen florentinischen Fürsten Cosimo de' Medici, benannte. Angesichts der herausragenden Bedeutung von Jupiter in Cosimos Horoskop, das Galilei schon vor einiger Zeit erstellt hatte, mussten die vier Monde den Jungen und seine drei jüngeren Brüder verkörpern, und sie verdienten daher mit vollem Recht die Bezeichnung »Mediceische Sterne«.

»Jupiter, sage ich«, rief Galilei Cosimo später in Erinnerung, »Jupiter hatte, als Eure Hoheit eben das Licht der Welt erblickten, den trüben Dunst des Horizontes schon überschritten, stand im Mittelpunkt des Himmels« – womit er sagen wollte, dass Jupiter zu der für die Astrologie der Renaissance beherrschenden, Glück verheißendsten Stellung am Himmel emporgestiegen war, »und erleuchtete den östlichen Winkel« – will sagen: beeinflusste den Aszendenten – »mit seinem königlichen Hofstaat« (Jupiter galt als der König der Planeten). »Er schaute von jenem hohen Thron auf die so glückliche Geburt und ließ all seinen Glanz und seine Größe in die reinste Luft strömen, damit das zarte Körperchen die gesamte Kraft und Macht zusammen mit der Seele, die von Gott schon mit edleren Gaben ausgestattet war, mit dem ersten Atemzug einsöge.«

Jupiter habe somit Cosimo mit dem überschwänglichen Selbstbewusstsein und der edlen Gesinnung versehen, die dem geborenen Führer anstehen. Die günstige Wirkung Jupiters, von den klassischen Astrologen »das große Glück« genannt, sollte noch den geringsten Menschen zur Größe erheben sowie körperliche und geistige Gesundheit, Leichtigkeit, Weisheit, Optimismus und Freigebigkeit verheißen.

»Der Schöpfer der Gestirne selbst nun«, schrieb Galilei, »schien mich durch deutliche Zeichen anzuweisen, diese neuen Planeten mehr als an alle anderen an den ruhmreichen Namen Eurer Hoheit zu binden. Denn wer weiß nicht, dass ebenso wie diese Sterne, die wie des Jupiters würdige Kinder stets nur in geringem Abstand von seiner Seite weichen, auch die Milde, die Sanftmut des Herzens, die Liebenswürdigkeit der Sitten, der Glanz des königlichen Blutes, die Würde im Handeln, die Größe des Einflusses und der Macht über andere – wer weiß nicht, sage ich, dass alle diese Eigenschaften, die alle sich in Eurer Hoheit Sitz und Wohnstatt gewählt haben, nächst Gott, der Quelle aller Güter, von dem so gütigen Stern des Jupiter ausgehen?«

Das Aufsehen, das Galilei mit der Bekanntgabe seiner Entdeckungen verursachte, ließ einige Kommentatoren laut darüber nachdenken, wie sich die vier neu entdeckten Himmelskörper auf die Astronomie einerseits und die Astrologie andererseits auswirken würden.

Schon bald sollten die Mediceischen Sterne als astronomischer Beleg für das ungeliebte heliozentrische Weltsystem des Kopernikus dienen. Der Nachweis, dass die neu entdeckten Trabanten Jupiter umliefen, während dieser seine himmlischen Bahnen zog, verlieh der Annahme Plausibilität, die Erde bewege sich zusammen mit ihrem Mond um die Sonne.

Von nun an gingen Astronomie und Astrologie getrennte Wege, war doch die Astrologie durch ihre Beschränkung auf das menschliche Schicksal gezwungen, an der geozentrischen Perspektive festzuhalten. Außerdem hielten es die Astrologen nicht für notwendig, den Mediceischen Sternen eine neue, erweiterte Einflusssphäre zuzuschreiben. Vielmehr konzentrierten sie sich weiterhin voll und ganz auf den Erdmond, der als altüberkommener Sitz des weiblichen Prinzips unser Gefühlsleben und unser Alltagsverhalten beeinflusst.

In Galileis Nativität beispielsweise steht die Sonne im Sternzeichen Fische,* während der Mond am Himmelsmeridian im Zeichen Widder steht, was auf einen äußerst fantasievollen, selbstbewussten, unabhängigen und kreativen Menschen von rastlosem Intellekt schließen lässt, der als Pionier und Abenteurer über bestehende Grenzen hinausdrängt, ja ein regelrechter Himmelsstürmer werden kann. Zugleich besetzt der Mond das neunte der zwölf Häuser, das von Jupiter regiert wird und traditionell für Erkenntnis und Sinnfindung steht. Der Mond im neunten Haus bedeutet

---

* Zwei Horoskope, die für Galilei zu seinen Lebzeiten (1564–1642) erstellt wurden, zeigen, dass die Sonne bei seiner Geburt nahe sechs Grad im Sternbild Fische stand. Seine Geburt am 15. Februar in Pisa sollte ihn eigentlich zu einem Wassermann machen (das Sternzeichen aller Menschen, die zwischen dem 20. Januar und dem 18. Februar geboren werden), doch durch die Kalenderreform von 1582 verschob sich sein Geburtstag auf den 25. Februar.

tief verwurzelte religiöse und philosophische Überzeugungen sowie eine höhere Bildung und eine Mutter, die ein hohes Alter erreicht: All dies trifft auf Galilei zu. Das neunte Haus steht auch für Reisen in fremde Länder, und obgleich Galilei Italien nie verließ, könnte man mit Fug und Recht behaupten, sein Fernrohr habe ihn in die entlegensten Regionen geführt.

Derselbe Jupiter, der als eine kleine Kugel im Okular des Fernglases schwamm, stand in Galileis Horoskop im Sternzeichen Krebs – wo der Planet »erhöht« ist, wie die Astrologen zu sagen pflegen, das heißt, er kommt in dem Betreffenden in einer Weise zum Ausdruck, die dem Wesen des Planeten ähnlich ist – und außerdem in Konjunktion mit Saturn im zwölften Haus. Jupiter und Saturn dicht beieinander im Haus des Rückzugs von der Welt bedeuteten für Galilei, dass er im Alter von vierzig oder fünfzig Jahren Erfolg haben würde. (Er war 47, als er seine astronomischen Entdeckungen veröffentlichte, die ihn auf einen Schlag berühmt machten.) Jupiter und Saturn im Zweigespann verhießen, dass Galilei schwere geistige Krisen (seine späteren Konflikte mit der Inquisition?) durchmachen und zurückgezogen und einsam leben würde (was in seinen letzten acht Lebensjahren, als er unter Hausarrest stand, tatsächlich der Fall war). Der Überschwang und die Fruchtbarkeit von Jupiter werden in Galileis Geburtshoroskop durch die mäßigende Nähe Saturns gedämpft.

Jupiter erhielt seine astrologische Bedeutung der Güte und Freigebigkeit zu Zeiten der Babylonier, etwa 1000 v. Chr. – lange bevor Sir Isaac Newton (ein Steinbock) die gewaltigen physikalischen Dimensionen des Planeten erkannte, indem er seine Anziehungskraft auf die von Galilei entdeckten Monde ermaß. Da es den Menschen der Antike noch nicht möglich war, die Größe der Planeten oder die Entfernungen zwischen ihnen zu bestimmen, bleibt es sowohl für die Astronomie als auch für die Astrologie ein Rätsel, wie die Antike den Jupiter mit Größe in Verbindung bringen konnte.

Wie es dem Planeten der Expansion ansteht, übertrifft die Masse Jupiters die aller anderen acht Planeten zusammengenommen um mehr als das Doppelte. Jupiter hat 318-mal so viel Masse und 1000-mal so viel Volumen wie die Erde. Sein Durchmesser beträgt indes »nur« elf Erddurchmesser, da sich der Riese im Verlauf seines Anwachsens verdichtete, so dass sein Durchmesser bloß um einen Bruchteil jener Raten zunahm, mit denen seine Masse und sein Volumen wuchsen.

Jupiter, den Welten von den erdähnlichen Planeten trennen, gleicht in seiner Zusammensetzung und seinem Verhalten der Sonne: Er besteht fast ausschließlich aus Wasserstoff und Helium und regiert sein eigenes kleines »Sonnensystem« aus mindestens sechzig planetenähnlichen Trabanten – die vier größten, die Galilei erspähte, plus 59 weitere, die seit dem Anbruch des Wassermann-Zeitalters (bislang) entdeckt wurden.

Während viele der Jupitermonde aus Gesteinsmaterial bestehen, weist der Gasriese selbst keine feste Oberfläche noch Landschaften auf. Die Seite, die er dem Beobachter auf der Erde darbietet, ist eine einzige riesige Wetterküche. Alle erkennbaren Details lösen sich in eine Wolkenbank, einen Zyklon, einen Jetstream – starke röhrenförmige Windströmungen –, einen Blitzschlag oder einen Vorhang von Polarlichtern auf. Ungebremst durch Landformationen, kann ein Sturm auf Jupiter jahrhundertelang toben. Jahreszeitliche Veränderungen stören die Wetterabläufe ebenfalls nicht, da der Planet eine fast senkrechte, nur um 3 Grad geneigte Rotationsachse besitzt.

Gegensinnige Winde, die in östlicher und westlicher Richtung über Jupiter fegen, ordnen die Wolken in einem Himmel aus horizontalen Streifen an. Ostwärts gerichtete Strahlströme wechseln sich ab mit westwärts gerichteten Passatwinden; beide erzeugen etwa ein Dutzend dunkle Gürtel und helle Zonen, die dauerhaft auf bestimmte Breitenintervalle beschränkt sind. Generationen von Jupiter-Beobachtern staunten über die Beständigkeit dieser deutlich voneinander abgegrenzten Streifen.

Jedes Windband ist Schauplatz eines meteorologischen Dramas. Im südlichen Äquatorband beispielsweise gibt es eine stabile ovale Wolkenstruktur, den »Großen Roten Fleck«, der seit 1879 ununterbrochen beobachtet wird und hinter dem sich ein gigantischer Sturm verbirgt. Der Fleck, der ehedem scharlachrot leuchtete, ist mittlerweile zu einem fahlen Orange verblasst und auf die Hälfte seines ursprünglichen Durchmessers geschrumpft (der jedoch noch immer den Durchmesser der Erde übertrifft), ohne je aus seiner Bahn auszuscheren. Wenn der Große Rote Fleck auf andere Wolken stößt, die sich in der gleichen Zone schneller oder langsamer in die gleiche Richtung bewegen, zieht er sie in seinen Bann, so dass sie wochenlang seinen äußeren Rand umkreisen, bis sie entweder mit ihm verschmelzen oder fortwirbeln. Kleine ovale Sturmgebiete, die sich an den gefährlichen Grenzen zwischen ost- und westwärts gerichteten Windströmungen bilden, fallen dagegen bald Scherkräften zum Opfer und lösen sich wie Hurrikane, die an Stärke verlieren, in ein bis zwei Tagen auf.

Die Rot-, Weiß-, Braun- und Blautöne der Jupiterwolken verdanken ihre Färbung Schwefel, Phosphor und anderen atmosphärischen Verunreinigungen. Winde marmorieren die Wolkenfarben, als hätten sie einen Sinn für Schönheit, und Wirbel zieren wie filigrane Arabesken die Ränder von Strukturmustern. Vielleicht wären alle Farbtöne schon längst ineinander übergegangen und verblasst, nachdem sie über Äonen kräftig durchmischt worden sind, wäre nicht jeder Farbton fest an seine spezifische Schicht in einer ganz bestimmten Atmosphärentiefe gebunden. Die warmen Blautöne im Bereich der unteren Wolkenschichtung kann man nur kurzzeitig durch Löcher in den darüber liegenden braunen und weißen Wolkenschichten beobachten, die ein paar hundert Kilometer höher der obersten, kalten, rötlichen Wolkenschicht weichen.

Ein schwaches, aber nachweisbares Infrarotlicht entweicht durch Lücken in der Wolkendecke. Dies ist die Restwärme, die aus der Zeit stammt, als sich der Planet durch gravitativen Materieeinfang (Akkretion) bildete, und die durch Konvektion langsam aus dem Kern des Jupiters aufsteigt, während der Planet weiter abkühlt und sich zusammenzieht. In einer Entfernung von gut 750 Millionen Kilometern von der Sonne setzt Jupiter mehr Wärme frei, als er empfängt. Die Energie, welche die Jupiterwinde antreibt, stammt somit überwiegend aus dem Inneren und wird nur geringfügig durch das schwache Sonnenlicht verstärkt, das aus großer Entfernung einfällt. Der strahlende Glanz Jupiters hat ihm den Ruf eines »Pseudo-Sterns« eingetragen, doch die

Temperatur in seinem Innern, die auf 17 000 °K geschätzt wird, bleibt sehr weit hinter dem Höllenfeuer von 15 Millionen °K zurück, das die Sonne zum Leuchten bringt.

Die ausgedehnten, vielfarbigen Wolken, die das Einzige sind, was man je von Jupiter zu sehen bekommt, bilden lediglich eine hauchdünne Firnisschicht um den Planeten; sie machen weniger als ein Prozent seines Radius von etwa 71 000 Kilometern aus. Unter den Wolken wird die Atmosphäre aufgrund des zunehmenden Drucks dichter und heißer und das Wetter immer exotischer. Hier wird der Kohlenstoffanteil von Methan und anderen eingeschlossenen Gasen möglicherweise im Himmel zu winzigen Diamanten gepresst. Nach und nach hören die Gase auf, sich wie Gase zu verhalten, und lösen sich in einem See aus flüssigem Wasserstoff auf.

In etwa 8000 Kilometern Tiefe, wo in diesem Milieu ein Druck herrscht, der mindestens eine Million Mal höher ist als der mittlere Atmosphärendruck auf der Erde, wird der flüssige Wasserstoff lichtundurchlässig, metallisch, schmelzflüssig und elektrisch leitfähig. Der bei weitem größte Teil Jupiters besteht aus stark verdichtetem Wasserstoff in dieser exotischen Phase.

Nach der astrologischen Überlieferung wird jeder Planet mit einem bestimmten Metall gleichgesetzt, so etwa Silber mit dem Mond, Gold mit der Sonne und Quecksilber (Mercurium) mit dem Merkur. Jupiter wurde das Metall Zinn, nicht etwa Wasserstoff, zugewiesen. Freilich kannten die Alchemisten im Mittelalter den Wasserstoff noch gar nicht, ganz zu schweigen von dem bizarren Gebräu aus flüssigem, metallischem Wasserstoff, das im Innern des Jupiters gebildet wird.

Heutige Physiker konnten bislang mit Hilfe starker Stoßwellen in Laborapparaten nur winzigste Mengen flüssigen,
metallischen Wasserstoffs produzieren, und jede dieser unter
enormem Aufwand hergestellten Laborproben existierte für
höchstens eine Millionstelsekunde. Dennoch haben Theoretiker die wichtigsten Eigenschaften dieses Stoffes nach und
nach in Erfahrung gebracht und durch systematische Näherung viele physikalische Eigenschaften Jupiters aufgeklärt.
So wird sein Magnetfeld, das 20 000-mal so stark ist wie das
Erdmagnetfeld und dessen Wirkung sich bis zur Saturnbahn
erstreckt, durch den flüssigen, metallischen Wasserstoff im
Planeteninnern erzeugt. Tief im Innern Jupiters ist ein echter Dynamo am Werk: Warme Strömungen aus entweichen-
der Wärme wirbeln eine elektrisch leitfähige Flüssigkeit auf,
die durchzogen wird von elektrischen Strömen, welche ihrerseits durch die schnelle Rotation Jupiters entstehen.

Die gigantische Masse des Jupiters dreht sich in knapp
zehn Stunden – und damit schneller als jeder andere Planet –
ein Mal um die eigene Achse. Sein massiver Körper gemahnt
an die urzeitlichen Anfänge der Planeten des Sonnensystems
als rotierende Scheiben, und keiner der Jupitermonde ist
stark genug, diese Rotationsgeschwindigkeit zu drosseln.
Was die Umlaufgeschwindigkeit des Riesen betrifft, so verringert die große Entfernung von der Sonne sein Tempo und
verlängert seine jährlichen Bahnen um viele Kilometer.

Jupiter, der fünfmal weiter von der Sonne entfernt ist als
die Erde, braucht ein langes Jahr, das zwölf Erdjahren entspricht (11 Jahren und 315 Tagen, um genau zu sein), um die
Sonne zu umrunden. Unterwegs verbringt der Planet jeweils
etwa ein Erdjahr mit dem Durchgang durch jedes der zwölf

Tierkreissternbilder. In der traditionellen chinesischen Astrologie trug ihm diese gemächliche Gangart den Titel »Jahres-
stern« (Sui xing) ein, der die chinesischen Jahre der Ratte,
des Büffels (Ochsen), des Tigers, des Hasen, des Drachen,
der Schlange, des Pferds, des Schafs, des Affen, des Huhns,
des Hundes und des Schweins festlegt. Der chinesische Tier-
zyklus besitzt jedoch nur eine entfernte Ähnlichkeit mit den
zwölf westlichen Tierkreiszeichen, zu denen Stier, Löwe und
Krebs sowie Zwilling, Jungfrau und Wassermann gehören.

In der westlichen Astrologie »beherrscht« der eine oder
andere Planet das Zeichen, mit dem ihn eine natürliche Ver-
wandtschaft verbindet. Jupiter, der lange Zeit als der glück-
bringende Planet schlechthin galt, beherrscht den Schützen,
das Sternzeichen von Menschen, die zwischen Mitte November und Mitte Dezember geboren werden und von denen
es heißt, sie zeichneten sich durch Aufgeschlossenheit, Weit-
blick und Aufrichtigkeit aus. Viele Jahrhunderte lang war
Jupiter auch der Herrscher des Tierkreiszeichens Fische;
Fische-Geborene (alle Menschen, die zwischen Mitte Februar und Mitte März zur Welt kommen) wie etwa Galilei
zeichnen sich durch ein hervorragendes Gedächtnis und
Tiefgründigkeit aus. Doch nachdem 1846 der Planet Neptun
entdeckt und benannt worden war, stellte man eine astrologische Verbindung zwischen dem neuen Planeten und Wasser her und nahm das Sternzeichen Fische von Jupiter weg.

Anders als der schwach leuchtende, sonnenferne Neptun
bietet Jupiter dem bloßen Auge am Nachthimmel einen so
spektakulären goldenen Anblick, dass er seit der Antike bekannt ist, weshalb sich seine Entdeckung nicht exakt da-
tieren lässt. Man konnte die Entstehungszeit Jupiters recht

zuverlässig bestimmen, allerdings liegt sein Geburtsort möglicherweise weit jenseits der Region, in der sich der Planet heute befindet.

Nach Ansicht von Astronomen entstand Jupiter vor 4,5 Milliarden Jahren aus einem gesteinshaltigen Kondensationskern, an einem Ort, der ihn zufällig zu gigantischem Größenwachstum prädestinierte. Weit entfernt von der Protosonne zog der Protoplanet durch die kalten Weiten des Urnebels, wobei er Eisklumpen aus wasserstoffreichen Verbindungen wie Methan, Ammoniak und Wasser aufsammelte. Nachdem der junge Jupiter auf diese Weise schon nach kurzer Zeit auf zehn bis zwanzig Erdmassen angewachsen war, sog er weiterhin reichlich vorhandene leichte Gase an und pumpte sich mit Wasserstoff und Helium auf.

Ein kleiner Planet hätte eine so mächtige Gashülle nicht festhalten können, aber Jupiter mit seiner gewaltigen Masse und seiner entsprechend stärkeren Massenanziehung gab sie nicht mehr frei. Jupiters Anziehungskraft, die stärkste sämtlicher Planeten, lenkte auch vorbeifliegende Kometen von ihren lang gestreckten Bahnen um die Sonne ab und zwang sie in einen Jupiterorbit. Seine Kohlenstoff-, Stickstoff- und Schwefelspeicher füllte Jupiter sehr wahrscheinlich dadurch auf, dass er sich eine Reihe dieser Kometen einverleibte.

Die ganze Welt wurde Zeuge eines solchen Kometeneinfangs, als der periodische Komet Shoemaker-Levy 9 in die Wolkendecke Jupiters stürzte. Im Jahr 1992 raste der Komet so nahe an Jupiter vorbei, dass dieser ihn in 21 Bruchstücke von Eisberggröße und in unzählige weitere Fragmente von mitunter nur Schneeballgröße zerriss. Die Trümmer umkreisten den Planeten dann zwei Jahre lang, einer fliegenden Perlenkette gleich, in einer geschlossenen Reihe, bevor sie Mitte Juli 1994 im Verlauf einer Woche nacheinander in die Jupiteratmosphäre eintauchten und verschwanden. Auf ihrem Flug durch die Jupiteratmosphäre explodierten sie in Feuerbällen und Trümmerfahnen, die sich über eine Länge von 1600 Kilometern hinzogen.

Jede Detonation hinterließ einen riesigen Bluterguss auf den Wolken, bis schließlich ein ganzes Kollier aus schwarzen Perlen um Jupiter hing, und zwar unmittelbar unterhalb des Großen Roten Flecks. Obgleich sämtliche Kometentrümmer auf der erdabgewandten Seite des Planeten, außer Sichtweite der Teleskope, niedergegangen waren, ließ die schnelle Rotation alsbald jeden neuen Einschlag sichtbar werden. Die dunklen Farbflecken wurden anschließend durch Stoßwellen und Winde dünn ausgestrichen und von Tag zu Tag immer feiner verteilt, bis sie Ende August nahezu verschwunden waren. Den Astronomen blieb nicht einmal genügend Zeit, um zwischen dem Kometenmaterial und den Elementen, die auf dem Planeten aufgewirbelt worden waren, zu unterscheiden.

Siebzehn Monate nach der natürlichen, unabsichtlichen Sondierung der Jupiteratmosphäre durch den Kometen erreichte die Raumsonde *Galileo* im Dezember 1995 den Jupiter und setzte eine Instrumentenkapsel aus, die mit sieben verschiedenen Messgeräten ausgerüstet war und die Wolkendecke durchflog.

Während der einen Stunde, in der die abgesetzte *Galileo*-Eintauchsonde in Betrieb blieb, ehe Hitze und Atmosphärendruck sie zerstörten, funkte sie eine Fülle von Messdaten an das Mutterschiff. Dabei zeigte sich, dass die Winde in den tieferen Atmosphärenschichten weit kräftiger wehten als in oberen, was die Vermutung erhärtete, dass die Winde ihre Energie aus dem tiefen Innern des Planeten beziehen. Die Sonde maß auf Jupiter auch relativ große Mengen der Edelgase Argon, Krypton und Xenon. Aufgrund der Häufigkeit dieser Substanzen sahen sich die Astronomen gezwungen, für Jupiter einen Geburtsort in Betracht zu ziehen, der weit von der gegenwärtigen Heimat des Planeten entfernt ist – in einer Region, wo der anwachsende Planet gefrorene Edelgasspeicher in sich aufnehmen konnte. Später, so folgerten sie, sei Jupiter aufgrund zahlloser gravitativer Wechselwirkungen mit anderen Objekten im Sonnensystem näher zur Sonne hin gedriftet.

Die einzigartigen Messdaten, die die *Galileo*-Eintauchsonde auf ihrem Flug durch die Jupiteratmosphäre sammelte, widerlegten seit langer Zeit geltende Theorien. Und auch die Dinge, die sie nicht entdeckte, sorgten für Erstaunen und Spekulationen bei den Planetenforschern, so etwa die Tatsache, dass keinerlei Spuren von Wasser nachzuweisen waren.

Astronomen hatten vorhergesagt, dass die Sonde, nachdem sie in die sichtbare, farbenprächtige Schicht der Ammoniak-Wolken eingedrungen sei, durch eine dichte, tiefere Schicht aus Eis- und Wasserwolken fallen würde, in der es möglicherweise regne und wo sie sogar Gefahr laufe, von Blitzen getroffen zu werden. Schon die klassischen Astrologen hatten Jupiter die Eigenschaft »feucht« zugeschrieben, und er behielt diese Eigenschaft auch in der mittelalterlichen Heilkunde, die auf der Annahme beruhte, die Wärme, die Kälte, die Feuchtigkeit oder Trockenheit eines Planeten beeinflusse die menschliche Konstitution, denn dadurch werde das jeweilige Gleichgewicht der vier Körpersäfte bestimmt – Blut, Schleim, schwarze und gelbe Galle. Der feuchte Jupiter, der »Herrscher« über das Blut, flößte den Menschen zudem ein »sanguinisches« (wörtlich: »blutvolles«) Temperament ein, so dass die unter dem Jupiter Geborenen im Allgemeinen als »joviale« Frohnaturen galten, im Gegensatz zu den Menschen, die unter dem Einfluss Merkurs (»quecksilbrig«), des Mars (»martialisch« = »streitbar«) oder Saturns (»schwermütig«) geboren wurden.

Völlig unerwartet stieß die *Galileo*-Atmosphärensonde zufällig auf ein Trockengebiet, als sie in einen der wenigen *Hot Spots* eintauchte – eines jener Löcher in der Wolkendecke, durch das Wärme von Jupiter in den Raum entweicht. Der *Galileo*-Orbiter hingegen, das Mutterschiff der Sonde, fotografierte gigantische Blitze, die tausendmal heller aufleuchteten als irdische Entladungen, und bestätigte damit das Vorhandensein von Wasserdampf in der Atmosphäre. Tatsächlich sind außerhalb der *Hot Spot*-»Wüsten«, die ihre Position in der Jupiteratmosphäre ständig verlagern, viele Gebiete der Atmosphäre wohl offenbar mit Wasser gesättigt.

Der *Galileo*-Orbiter erkundete das Jupitersystem noch weitere sieben Jahre. Anders als die Eintauchkapsel, die nur einen schnellen diagnostischen Abstieg durch die Jupiteratmosphäre vollführte, wurde der Orbiter zu einem langlebigen künstlichen Gefährten der Galileischen Satelliten.

Galileo empfing seine Befehle aus der Steuerungszentrale im Jet Propulsion Laboratory in Südkalifornien; dort wurde in regelmäßigen Abständen das Raketentriebwerk gezündet, um die Umlaufbahn des Orbiters zu verändern. So steuerte

man ihn bald näher an den Jupiter heran, wo er den Trabanten Europa erkunden sollte, bald auf einer weiten Schleife
zu einem Vorbeiflug am fernen Mond Kallisto. Bei den An-
näherungen an die Galileischen Monde erkannte *Galileo* mit
scharfem Blick deren charakteristische Merkmale: der innere
Mond Io, der rötlichste und vulkanisch aktivste Himmelskörper des Planetensystems; Europa, die einen mit einer Eiskruste überzogenen Salzwasserozean beherbergt; Ganymed,
der größte Trabant des Sonnensystems; Kallisto, einer der
primitivsten und am dichtesten mit Einschlagkratern über-
säten Monde im Sonnensystem.*

So wie die Konstellation der Planeten in einem Horoskop
den Schicksalshorizont eines Individuums absteckt, so haben
die Stellungen der Jupitermonde im Verhältnis zu Jupiter
deren Schicksal bestimmt. Io, der innerste der Monde, zeigt
die Wunden einer allzu engen Bindung. Die Massenanziehung
Jupiters setzt Io einer ständigen Einwirkung von Gezeitenkräften aus, die das Innere des Mondes schmelzflüssig halten
und damit ausreichend Nachschub für die etwa 150 aktiven
Vulkane liefern, die glühende Lavafontänen ausspeien.

Europa, der zweitnächste und kleinste der Galileischen
Jupitersatelliten, zeigt ebenfalls Anzeichen einer inneren Er-
wärmung durch Gezeiteneinwirkung. Bei dem aufgeschmol-
zenen Material von Europa handelte es sich aber augen-

---

* Johannes Kepler (1571-1630), Kaiserlicher Astronom und Astrologe in Prag, nannte die »Mediceischen Sterne« 1610 erstmals
  »Galileische Satelliten«. Simon Marius, ein Zeitgenosse von Galilei
  und Kepler, gab den Monden ihre bleibenden Eigennamen, indem
  er sie nach vier »Lieblingsgespielinnen« des Gottes Zeus/Jupiter
  benannte.

scheinlich um Eis und nicht um Gestein. Dank der Raumsonde *Galileo* sind viele Astronomen heute überzeugt davon, dass zwischen der Eiskruste an der Oberfläche und dem Gesteinsmantel im Innern ein Salzmeer liegt, das mehr Wasser enthält als Atlantik und Pazifik zusammengenommen, und dass in diesem Wasser möglicherweise eine außerirdische Lebensform existiert.

Obwohl Ganymed größer ist als der Planet Merkur und weiter von Jupiter entfernt ist als Io oder Europa, unterliegt der Mond ebenfalls Jupiters Gezeitenkräften. Der Eisenkern Ganymeds bleibt aufgrund starker innerer Wärmeentwicklung teilweise geschmolzen, und dieses leitfähige Innere, in dem Konvektionsströmungen auf- und absteigen, erzeugt ein eigenes Magnetfeld um den Mond, vergleichbar dem Jupitermagnetfeld, wenn auch viel kleiner und schwächer.

Nur Kallisto, deren Oberfläche dicht mit alten, weiträumigen Einschlagkratern übersät ist, bleibt von den Gezeitenwirkungen Jupiters verschont. Kallistos Entfernung von Jupiter ist so groß, dass sie über zwei Wochen benötigt, um den Planeten zu umrunden, während Io weniger als zwei Tage, Europa drei Tage und Ganymed sieben Tage brauchen. Unterdessen dreht sich die gigantische unsichtbare Blase der Jupitermagnetosphäre, die sich Millionen von Kilometern in den Weltraum erstreckt und die zahlreichen Monde des Planeten einhüllt, synchron mit Jupiter alle zehn Stunden.

Während die Magnetosphäre an den Monden vorbeirast, bombardiert sie diese mit geladenen Teilchen und reichert sich ihrerseits mit frischen Partikeln an, die sie von der Oberfläche der Monde absaugt. Aus den Vulkanen Ios ergießt sich ein konstanter Strom von Ionen und Elektronen in die Magnetosphäre, der enorme – mehrere Millionen Ampere starke – elektrische Ströme zwischen Io und Jupiter induziert. Tatsächlich führt Io auf ihrer Umlaufbahn ein so starkes elektromagnetisches Strahlungsfeld mit sich, dass selbst unbemannte Raumfahrzeuge dadurch gefährdet werden. *Galileo* wagte erst gegen Ende ihrer Erkundungsreise um die Jupitersatelliten einen näheren Vorbeiflug an Io. Und bei jedem Vorbeiflug fiel das eine oder andere Instrument der Sonde aus, spielte verrückt oder wurde von einem Teilchenstoß getroffen, der es zumindest teilweise funktionsuntüchtig machte. Dennoch erwies sich *Galileo* letztlich als so widerstandsfähig, dass sie sogar einmal unbeschadet *durch* die Rauchfahne eines aktiven Vulkans flog und anschließend einzigartige Messdaten zur Erde funken konnte.

Dieses tapfere Raumfahrzeug, das von Anfang an von zahllosen Pannen heimgesucht wurde, die seinen Start verzögerten und die Funktionstüchtigkeit seiner Instrumente gefährdeten, entwickelte eine ganz eigene »Persönlichkeit«, die es den Ingenieuren, die es bauten, und den Astronomen, die es benutzten, lieb und teuer machte. Irgendwann zwischen 1982 (dem Jahr, in dem der Start geplant war) und 1989 (dem Jahr, in dem der Start erfolgte) wurde *Galileo* beschädigt, was man jedoch erst bemerkte, als die Sonde bereits auf dem Weg zum Jupiter war. Zunächst wollte sich ihre schirmartige Hauptantenne, die Hunderttausende von digitalen Aufnahmen und Messdaten zur Erde funken sollte, partout nicht öffnen; anschließend blockierte das Bandaufzeichnungsgerät, das die Daten zwischen den Funksendungen zur Erde speichern sollte. Verzweifelte Fachleute im Flugkontrollzentrum arbeiteten vier Jahre daran, die vom Pech verfolgte *Galileo*-Sonde von der Erde aus zu reparieren und neu zu programmieren, bevor sie 1995 Jupiter erreichte. Ihre Bemühungen retteten nicht nur das Raumfahrzeug, sondern verlängerten auch seine Lebenserwartung im All, so dass die Mission als ein großer Erfolg gilt, auch wenn die Pannen bei der Datenübermittlung aus der erwarteten Informationsflut ein Rinnsal machten.

Wären Astronomie und Astrologie nicht schon vor so langer Zeit getrennte Wege gegangen, dann wären einige Probleme der *Galileo*-Mission vorhersehbar gewesen. Ein »Geburtshoroskop« für die Raumsonde *Galileo*, die gewissermaßen am Tag ihres Starts, dem 18. Oktober 1989, auf Cape Canaveral »geboren« wurde, deutet auf ein starkes, gar aggressives Raumgefährt hin, denn die Sonne, die zu diesem Zeitpunkt im Sternbild Waage stand, gab ihm Ausgewogenheit und Mars, in Konjunktion mit der Sonne am Himmelsmeridian, schenkte ihm Ehrgeiz. Im Aszendenten scharen sich Saturn, Uranus und Neptun umeinander, was dem gewagten Vorhaben Bedeutung und Gewicht verleiht. Merkur jedoch, der Planet der Kommunikation, bildet den denkbar ungünstigsten Winkel zur Position Jupiters – ein Quadrat, das als »schlechter« Aspekt gilt. Ein weiteres Unglück verheißendes Merkurquadrat steht in Opposition zu der mächtigen Triade Saturn, Uranus und Neptun.

Das Horoskop zeigt, dass Jupiter das siebte Haus *Galileos* besetzt, das Haus der Ehe und Partnerschaft. Zweifellos schloss das Raumfahrzeug während seines Arbeitslebens eine Partnerschaft mit Jupiter und vereinigte sich am Ende seines Lebens schließlich mit dem Planeten. Denn als der alternden

Galileo-Sonde der Treibstoff ausging und sie daher nicht mehr von der Erde ferngesteuert werden konnte, gehorchte sie einem letzten Befehl des Kontrollzentrums, das den Orbiter auf einen Kollisionskurs mit dem Riesenplaneten lenkte. Hätte sich *Galileo* mit ihrem Plutoniumvorrat an Bord unkontrolliert auf ihrer Umlaufbahn weiterbewegt, so die Sorge der NASA, wäre sie vielleicht eines Tages auf den Mond Europa gestürzt und hätte dessen unberührte Meere verseucht oder vielleicht sogar eine im Entstehen begriffene Lebensform getötet.

Am 21. September 2003, dem Tag ihres Hinscheidens, versank *Galileo* in den Jupiterwolken, löste sich auf und streute ihre Atome in die Jupiterwinde. »Sie hat sich mit ihrer Tochtersonde vereinigt«, sagten einige Projektwissenschaftler, als trauerten sie um einen Freund, der zur letzten Ruhe gebettet wurde. »Jetzt sind beide in Jupiter aufgegangen.«

In der letzten Stunde der Odyssee *Galileos* zeigte ihr Horoskop Saturn, den »Hüter der Schwelle« und Planeten der Begrenzung, mitten im achten Haus, dem Haus des Todes.

9 Sphärenmusik

In den Jahren 1914 bis 1916 schuf der englische Komponist Gustav Holst (1874–1934) sein Opus 32, *Die Planeten, Suite für Orchester*, das einzige bekannte Beispiel einer sinfonischen Huldigung des Sonnensystems. Weder Haydns »Merkur« (Symphonie Nr. 43 in E-Dur) noch Mozarts »Jupitersymphonie« (Nr. 41 in C-Dur, KV 551) hatten etwas Vergleichbares versucht. Tatsächlich erhielt letzteres Werk erst nach Mozarts Tod den Zusatz »Jupiter«. Und Beethovens Opus 27 Nr. 2 wurde erst dreißig Jahre nach seiner Komposition der Name »Mondscheinsonate« verliehen, als nämlich ein Dichter die Melodie mit dem Mondlicht verglich, das sich auf einem Teich widerspiegelt.

Holsts Orchestersuite umfasst sieben Sätze und nicht neun. Denn Pluto war zu der Zeit, als Holst die Partitur schrieb, noch nicht entdeckt, und die Erde ließ er außen vor. Dennoch bleibt das Werk die musikalische Begleitung zum Raumzeitalter, teils weil es die Menschen noch immer anspricht, teils weil ihm kein anderes Werk den Rang streitig machte. Um seinen Mängeln abzuhelfen, haben es zeitgenössische Komponisten gelegentlich um neue Sätze erweitert, wie »Pluto«, »die Sonne« und »Planet X«.

Holsts Interesse an den Planeten wurde ursprünglich durch die Astrologie geweckt. Nachdem er zahlreiche astrologische Bücher verschlungen hatte, begann er im Jahr 1913 Horoskope für Freunde zu erstellen und sich mit der astrologischen Bedeutung der Planeten zu beschäftigen. Und so kam es, dass er den einzelnen Sätzen seiner Suite Namen gab wie »Jupiter, der Bringer der Fröhlichkeit«, »Uranus, der Magier« und »Neptun, der Mystiker«. Holsts Tochter und Biographin Imogen, ebenfalls eine Komponistin, wusste zu berichten, dass ihn seine »größte Schwäche« – die Astrologie – dazu veranlasst habe, Astronomie zu studieren, »und diese zog ihn so sehr in den Bann, dass seine Temperatur jedes Mal in die Höhe schoss, wenn er zu viel auf einmal verstehen wollte. Die Idee des Raumzeit-Kontinuums ließ ihm keine Ruhe.«

Spätestens im sechsten Jahrhundert vor Christus erkennt man eine natürliche Wesensverwandtschaft zwischen der Musik und der Astronomie. Damals verkündete der griechische Mathematiker Pythagoras, die Klänge der Saiten gehorchten einem geometrischen Ordnungsprinzip, und in den Zwischenräumen zwischen den Himmelssphären – den Kugelschalen, an denen nach damaliger Anschauung die Sterne aufgehängt waren – erklinge Musik. Pythagoras glaubte, die Anordnung der Planeten gehorche denselben mathematischen Regeln und Proportionen wie die Töne einer Tonleiter. Platon griff diese Vorstellung zwei Jahrhunderte später in seiner *Politeia* (*Vom Staat*) auf, wo er den denkwürdigen Ausdruck »Sphärenmusik« prägte, um den unübertrefflichen Wohlklang der Gestirne zu beschreiben. Platon sprach auch von der »Himmelsharmonie« und »dem herrlichsten Chor« – Ausdrücke, die an den Gesang der Engel denken lassen, obgleich sie sich dezidiert auf die nicht hörbare Polyphonie bezogen, welche die Planeten bei ihren Drehbewegungen erzeugen sollten.

Kopernikus sprach von einem Reigen der Planeten, als er sein heliozentrisches Weltsystem choreographierte, und Kepler stützte sich auf das Werk des Kopernikus, als er wiederholt auf die Dur- und Moll-Tonarten zurückgriff. Im Jahr 1599 leitete Kepler einen himmlischen C-Dur-Akkord her, indem er die relativen Geschwindigkeiten der Planeten mit den Intervallen gleichsetzte, die man auf einem Saiteninstrument spielen kann. Saturn, der entfernteste, langsamste Planet, ergab den tiefsten der sechs Töne in diesem Akkord, Merkur den höchsten.

Als Kepler seine drei Gesetze der Planetenbewegung entwickelte, ließ er die Planeten nicht mehr nur einzelne Töne, sondern kurze Melodien anstimmen, in denen die Einzeltöne für unterschiedliche Geschwindigkeiten an bestimmten Punkten auf ihren jeweiligen Umlaufbahnen stehen. »Es ist daher nicht mehr verwunderlich«, schrieb er, »dass der Mensch, der Nachahmer seines Schöpfers, endlich die Kunst des mehrstimmigen Gesangs, die den Alten unbekannt war, entdeckt hat. Er wollte die fortlaufende Dauer der Weltzeit in einem kurzen Teil einer Stunde mit einer kunstvollen Symphonie mehrerer Stimmen spielen und das Wohlgefallen des göttlichen Werkmeisters an seinen Werken so weit wie möglich nachkosten in dem so lieblichen Wonnegefühl, das ihm diese Musik in der Nachahmung Gottes bereitet.«

In seinem 1619 erschienenen Buch *Harmonice Mundi* (*Weltharmonik*) skizzierte Kepler das Fünfnotensystem mit Vorzeichnungen für die verschiedenen Instrumentalstimmen und schrieb jedes Planetenthema in der Tabulatur der damaligen Zeit, in der die Noten als kleine, hohle Rauten aufgezeichnet wurden. Der sehr exzentrische, temporeiche, hohe Refrain Merkurs lag sieben Oktaven über dem Bassschlüssel Saturns, der vom tiefen G zum tiefen H und zurück dröhnte.

»Ich fühle mich«, so Kepler, »hingerissen und besessen von einem unsäglichen Entzücken über die göttliche Schau der himmlischen Harmonien.« Und ein andermal schrieb er: »Gib dem Himmel Luft, und es wird wirklich und wahrhaftig Musik erklingen.«*

Die beiden *Voyager*-Raumsonden, die 1977 gestartet wurden und gegenwärtig langsam das Sonnensystem verlassen, setzen dieses musikalische Erbe fort. Als potenzielle Gesandte an außerirdische Lebensformen enthalten beide eine sonderangefertigte goldene Schallplatte (mit Abspielgerät), die die »Sphärenmusik« als eine Folge computergenerierter Töne zum

---

* Paul Hindemith dramatisierte in seiner Oper *Die Harmonie der Welt* (1956/57) Keplers Werk über die Ordnung der Planeten.

Ausdruck bringt, welche die Geschwindigkeiten der Planeten des Sonnensystems repräsentieren. Die Platte (Voyager Interstellar Record) sagt zudem in 55 Sprachen »Guten Tag« und spielt Musik zahlreicher Kulturen und Komponisten, darunter von Bach, Beethoven, Mozart, Strawinsky, Louis Armstrong und Chuck Berry.

Ob nun mit Absicht oder aus einer Eingebung heraus – Holst setzte sich souverän über die Reihenfolge der Planeten hinweg und schrieb im Juli 1914 als Erstes »Mars, der Kriegsbringer«. Ein realer Krieg, der Erste Weltkrieg, brach im Herbst desselben Jahres aus, doch das hielt den vierzigjährigen Holst, der wegen einer Neuritis und Kurzsichtigkeit nicht eingezogen wurde, nicht davon ab, direkt mit »Venus, die Friedensbringerin« fortzufahren. Aufführungen der ganzen Suite beginnen ebenfalls mit Mars, reisen dann weiter Richtung Sonne zu Venus und zu »Merkur, dem geflügelten Boten«, bevor sie sich wieder von der Sonne weg bewegen, zu Jupiter und von dort aus geradewegs über Saturn und Uranus zu Neptun, wo die Stimmen eines Frauenchors, der in einem eigenen Raum hinter der Bühne unsichtbar bleibt, im Finale (ohne Einbuße an Tonhöhe) durch das langsame, stille Schließen einer Tür allmählich zum Verstummen gebracht werden.

Der große Erfolg der Suite erstaunte Holst und machte den Komponisten auf einen Schlag berühmt. Gezwungen, sich öffentlich zu Den Planeten zu äußern, erklärte er, »Saturn, der Bringer des Alters« – mit neun Minuten vierzig Sekunden der längste der sieben Sätze der Suite – sei sein Lieblingssatz. »Saturn bringt nicht nur körperlichen Verfall«, sagte Holst zur Verteidigung des Planeten, »sondern auch eine Vision der Erfüllung.«

Wenn der arglose Betrachter zum ersten Mal durch ein Teleskop im Garten den Ringe tragenden Saturn erspäht, dieses Sinnbild der Jenseitigkeit, wird ihn dieser Anblick am ehesten in einen passionierten Sternbeobachter verwandeln. Die von der Erde aus sichtbaren Teile des Saturnringsystems erstrecken sich über eine Scheibe, die von der einen Außenkante des A-Ringes bis zur anderen einen Durchmesser von etwa 285 000 Kilometern hat. Während die gigantische horizontale Ausdehnung der sichtbaren Ringe an die Entfernung zwischen Erde und Mond heranreicht, übersteigt die mittlere Ring*dicke* kaum die Höhe eines dreißigstöckigen Gebäudes. Zu Holsts Lebzeiten verglichen Astronomen die hauchdünne vertikale Ausdehnung der Ringe metaphorisch mit Pfannkuchen und Schallplatten, bevor sie sich schließlich für ein dünnes Stück Karton von der Größe eines Fußballstadions entschieden. (Aufgrund verbesserter Messungen wurde der Karton mittlerweile durch ein riesiges Papiertaschentuch ersetzt.)

Saturn ist neben Jupiter und Venus auf einem Gemälde zu sehen, das den Nachthimmel über Holsts geliebtem Cotswolds zeigt und das ihm 1927 anlässlich des Festivals zu seinen Ehren, bei dem er *Die Planeten* zum letzten Mal dirigierte, überreicht wurde. Der Maler Harold Vox behauptete, er habe sich beim britischen Königlichen Astronomen nach den richtigen Planetenstellungen für dieses Porträt einer Mainacht im Jahr 1919 erkundigt – dem Jahr der Uraufführung der *Planeten*-Suite und zugleich das Jahr, in dem Holst zum Professor am Royal College of Music ernannt wurde.

Saturn erscheint auf dem Gemälde nur als strahlender Fleck, nicht so hell wie Jupiter und Venus und natürlich ohne Ringe, da das bloße Auge die berühmten Ringe nicht erkennen kann. Dies soll jedoch nicht heißen, dass sie auf dem Gemälde unsichtbar wären oder fehlten. Im Gegenteil, Eis und Schnee in den Ringen werfen das Sonnenlicht zurück und verdreifachen so geradezu die Leuchtkraft des Saturns. Alle Komponenten der Ringe, deren Größe von Staubkörnern bis zu hausgroßen Blöcken reicht, sind vermutlich zumindest mit Eis überzogen, wenn sie nicht gar durch und durch aus gefrorenem Wasser bestehen. Saturn selbst dagegen ist wie Jupiter ein Gasriese, der aus Wasserstoff und Helium besteht; allerdings ist er kleiner und blasser als Jupiter und doppelt so weit von der Sonne entfernt. Ohne die Ringe aus herumschwirrenden Eiskristallen, Schneeflocken und Schneebällen in allen Größen würde der 1,6 Milliarden Kilometer entfernte Saturn kaum einen Sternbeobachter auf der Erde blenden.

Im Mai 1919 waren die Ringe schräg zur Erde hin geneigt, wie um dem Künstler ihre Gunst zu erweisen. Ungefähr ein Mal alle fünfzehn Jahre beziehungsweise zwei Mal während eines 29,5 Jahre dauernden Umlaufs des Saturns um die Sonne sehen die irdischen Bewunderer genau auf die Kante der Ringe, die jetzt ihr schmeichelhaftes Licht zurücknehmen. Selbst durch ein Teleskop sieht man die Ringe dann nur noch als dünne Schattenlinie, die quer über die gelbliche Scheibe des Planeten verläuft. Dieses regelmäßig wiederkehrende Verschwinden verwirrte die frühen Beobachter der Ringe. Galilei, der im Juli 1610 als Erster seitliche Wülste an Saturn beobachtete, hielt sie fälschlich für zwei große »Begleiter«, die sich, anders als die Jupitersatelliten, nicht bewegten, sondern dicht an den Flanken des Planeten verharrten und ihn so »dreigestaltig« erscheinen ließen. Galilei, der den Planeten während der nächsten beiden Jahre genau beobachtete, bekundete im Spätherbst 1612 sein Erstaunen darüber, dass Saturn plötzlich wieder allein und kreisrund war. Seine ehemaligen Begleiter hatten ihn verlassen. »Was soll man von einer so sonderbaren Verwandlung halten?«, schrieb er an einen befreundeten Philosophen. Hatte der Planet Saturn womöglich, wie sein mythologisches Pendant, »seine eigenen Kinder verschlungen«?

Galilei sagte voraus, dass die beiden Begleiter zurückkehren würden, was sie dann auch taten. 1616 meinte er, sie glichen einem Paar Henkeln am Saturn, und später erinnerten sie ihn an Ohren. Doch ihre unerhörte, wahre Identität erkannte er nicht. Erst 1656 führte der niederländische Astronom Christiaan Huygens die veränderliche Gestalt Saturns auf die Existenz eines »dünnen, flachen Rings [zurück], nirgends berührend, zur Ekliptik geneigt«. Huygens veröffentlichte 1659 eine vollständige Erklärung in seinem Buch *Systema Saturnium*.*

Huygens sprach immer vom »Saturnring«, als wäre dieser ein einzelnes massives Gebilde, und tatsächlich glaubte man das noch bis 1675, als Jean Dominique Cassini, der Direktor

---

* Wie Galilei war auch Huygens ein begabter Lautenspieler und außerdem mit mehreren Komponisten befreundet. Huygens experimentierte zudem mit einer gleichschwebenden Temperatur mit 31 Tönen, die die niederländische Musik bis ins zwanzigste Jahrhundert hinein beeinflussen sollte.

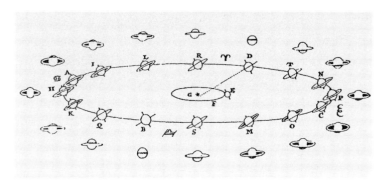

Christian Huygens erstellte dieses Diagramm für die Veröffentlichung von Systema Saturnium im Jahr 1659. Es zeigt, wie sich der Anblick des Saturns im Verlauf seines 29,4 Jahre währenden Umlaufs für den Betrachter auf der Erde verändert.

des Pariser Observatoriums, eine dunkle Längsteillinie entdeckte, die den Ring in zwei konzentrische Bahnen spaltet – einen (äußeren) »A«-Ring und einen (inneren und helleren) »B«-Ring. Noch einmal vergingen fast 200 Jahre, ehe 1850 im Innern dieser beiden Ringe der nur schwach leuchtende »C«-Ring entdeckt wurde, während man weiterhin wild darüber spekulierte, woraus sich die Ringe zusammensetzten. Die vorgeschlagenen Erklärungen reichten von massiven dünnen Platten bis zu Schwärmen aus kleinen Satelliten, von Strömen einer umlaufenden Flüssigkeit bis zu Ausdünstungen planetarischer Dämpfe.

»Ich habe mehrere Breschen in den festen Ring geschlagen«, rühmte sich der junge schottische Mathematiker James Clerk Maxwell 1857. Er folgerte dies aus seinen Berechnungen und meinte überschwänglich: »Jetzt plantsche ich in dem flüssigen [Ring] herum, inmitten eines wirklich verblüffenden Geschmetters von Symbolen.« Die Massenanziehung

Saturns müsste eine feste Struktur von so gigantischen Ausmaßen zertrümmern, behauptete Maxwell, und dementsprechend deutete er die Ringe als eine Ansammlung unzähliger kleiner Teilchen, die nur aus der Ferne den Eindruck einer geschlossenen, massiven Struktur erweckten. Laut den Kepler'schen Gesetzen bewegt sich jedes Teilchen notgedrungen auf einer eigenen Bahn, wobei sich die am weitesten von Saturn entfernten Partikeln am langsamsten bewegen, während die näheren schneller laufen, genauso wie Saturn selbst die Sonne gemächlich umwandert, während Merkur sie flinkfüßig umrundet. (Welch ein Chorwerk Kepler wohl für diese Legionen in Partitur gesetzt hätte!)

Innerhalb der überfüllten Ringe rempeln sich die zusammengepferchten Ringteilchen gegenseitig an, wobei sie Energie und Impuls austauschen und sich dabei gegenseitig auf fernere oder nähere Bahnen stoßen. Durch Kollisionen werden Partikeln auch über oder unter die flache Ringebene geworfen, doch diese Ausreißer werden schnell wieder ins Glied zurückgepeitscht.

Seit 1966 gesellten sich zu den klassischen A-, B- und C-Ringen vier weitere Ringe, die mit den Buchstaben D bis G bezeichnet werden. Die Ringe missachten, wie die Noten auf einer Übungstonleiter, die alphabetische Reihenfolge ihrer Entdeckung, die nicht mit ihrer Anordnung um den Saturn übereinstimmt – D, C, B, A, F, G, E. Jede mit einem Buchstaben versehene Region unterscheidet sich von den anderen durch geringfügige Farb- oder Helligkeitsabweichungen, die Dichte ihrer Partikeln oder ihre ungewöhnliche Form. Aus der privilegierten Perspektive einer vorbeifliegenden Raumsonde betrachtet, lösen sich die Buchstaben tragenden Ringe weiter in unzählige fein gesponnene Ringfäden auf, die durch ebenso viele dünne Spalte getrennt sind und von eingebetteten Minimonden gehütet werden.

Die Saturnringe bildeten sich vermutlich aus den Überresten eines beim Aufprall zertrümmerten Eismondes oder eines eingefangenen Himmelskörpers mit einem Durchmesser von etwa 100 Kilometern. Dieser unglückselige Körper, der vor ein paar hundert Millionen Jahren zerrissen wurde, bemüht sich womöglich noch immer, in der Umlaufbahn um Saturn seine Reste einzusammeln und in seiner ursprünglichen Gestalt wiederzuerstehen. Unter dem Einfluss der Gravitation ziehen sich die Teilchen wechselseitig an und klammern sich aneinander; so entstehen größere Aggregate, die weitere Teilchen anziehen und so weiter anwachsen – aber nur bis zu einem bestimmten Punkt. Denn jeder durch Partikelanlagerung wachsende Ringkörper, der eine gewisse Größengrenze überschreitet, wird von den Gezeitenkräften Saturns zerrissen, und die zerstreuten Fragmente sind dazu verdammt, sich nie mehr zu einem Satelliten vereinigen zu können.

Der Erdmond, der als ein Ring von Kollisionstrümmern eine ähnliche Phase durchlief, konnte seine Einzelteile zusammenlesen, weil deren Umlaufbahnen so weit von der Erde entfernt waren, dass die Partikeln den zerstörerischen Wirkungen der Gezeitenkräfte entgingen. Dagegen drängen sich die Saturnringe dicht an den Planeten. Sie besetzen eine nahe Region immerwährender Fragmentierung, die so genannte Roche-Zone, benannt nach dem französischen Astronomen Edouard Roche, der die »zerreißsicheren« Entfernungen für beliebige Planetentrabanten berechnete. Die größeren Sa-

165

turnmonde (nach der letzten Zählung mindestens 34) liegen weit jenseits der Roche-Grenze, außerhalb der Ringzone. Der F-Ring beispielsweise verdankt seine eigentümlich verdrillten, engen Konturen der Einwirkung zweier sehr kleiner Minimonde, die ihn begleiten: Der eine läuft rasch mitten durch den F-Ring, während der andere weiter außen seine Bahnen zieht. Beide wirken als »Schäferhundsatelliten«, das heißt, sie »hüten« die Teilchenherden und sammeln sie zu Klumpen, Knoten, Paspeln und Schlingen.

Als die Raumsonde *Cassini* im Sommer 2004 Saturn erreichte, posaunte sie ihre Ankunft aus, indem sie durch die Lücke zwischen dem F- und dem G-Ring aufstieg, die Weite der Ringebene überflog und dann durch die gleiche Lücke auf der erdabgewandten Seite wieder unbeschädigt zurückflog. Die relative Leere dieser Zwischenräume verdankt sich dem Wechselspiel zwischen den Ringteilchen und den Saturntrabanten und folgt denselben Regeln des Wohlklangs, die Pythagoras bei seinen Experimenten mit Saiten aufstellte.

Pythagoras wies nach, dass die Tonhöhe einer Saite zunimmt, wenn die Saitenlänge halbiert wird. Wenn man gleichzeitig Saiten dieser beiden Längen zum Erklingen bringe, so sagte er, entstehe ein angenehmer Wohllaut, weil die Saiten in einem ganzzahligen Verhältnis von 2:1 schwingen. Andere ganzzahlige Verhältnisse oder Resonanzen erbringen weitere wohlklingende musikalische Intervalle, wie Terzen, Quarten und Quinten. In seinem Buch *Unterredung und mathematische Demonstrationen über zwei neue Wissenszweige, die Mechanik und die Fallgesetze betreffend* beschrieb Galilei die Wirkungen solcher Sympathieschwingungen und meinte, die Oktave erscheine »äußerst milde und ohne viel Feuer«, wohingegen der Klang einer 3:2-Resonanz (einer musikalischen Quinte) »einen solchen Reiz auf das Trommelfell [erzeugt], dass Weichheit und Schärfe innig verschmolzen erscheinen und ein Kuss und zugleich ein sanfter Stich empfunden wird«.

Der bemerkenswerteste Resonanzeffekt in den Saturnringen ist die Cassinische Teilung, die etwa 4500 Kilometer breite Lücke zwischen A- und B-Ring. Sie verdankt ihre Existenz einer 2:1-Resonanz mit dem Mond Mimas, der den Saturn in einer Entfernung von über 65 000 Kilometern umläuft. Ringpartikeln innerhalb der Cassini-Teilung umrunden den Saturn doppelt so schnell wie Mimas den Planeten umläuft, so dass sie Mimas immer wieder an exakt denselben beiden Punkten ihrer Umlaufbahn überholen. Dort werden sie von dem Trabanten angezogen. Schließlich wirft die Anziehungskraft des Mondes, die durch rhythmische Wiederholung verstärkt wird, die Teilchen aus der Resonanzbahn, so dass die Lücke leergefegt wird. Eine ähnliche, aber schmalere Lücke nahe dem Außenrand des A-Rings, die Encke-Teilung (benannt nach dem ehemaligen Direktor der Berliner Sternwarte, Johann Encke), steht in einer 5:3-Resonanz mit Mimas und einer 6:5-Resonanz mit einem anderen Trabanten. Außerdem verdankt der dekorative Besatz der Außenkante des A-Rings seine sechs blütenblattartigen Lappen einer 7:6-Resonanz mit zwei kleinen Satelliten, die sich auf einer gemeinsamen Umlaufbahn bewegen und womöglich einst ein einziges Objekt bildeten.

Die Ringe stehen auch in Resonanz mit dem Takt des schnell rotierenden Magnetfeldes von Saturn. Das Magnetfeld wird im Innern des Planeten erzeugt, welches aus flüssigem, metallischem Wasserstoff besteht, und es dreht sich synchron mit der Rotation Saturns alle 10,2 Stunden ein Mal. Partikeln im B-Ring, die sich genauso schnell – beziehungsweise halb oder doppelt so schnell – bewegen, werden konsequent aus ihren Bahnen getrieben.

Saturn herrschte 300 Jahre als der einzige Ringplanet, ehe die Entdeckungen der 1970er und 1980er Jahre enthüllten, dass alle Riesenplaneten in irgendeiner Form Ringe tragen. Jupiter besitzt dünne, durchscheinende »Gossamer«-Ringe (engl. »gossamer« bedeutet »feine Gaze«), die aus abgebröckeltem Grus von der Oberfläche mehrerer kleiner Monde bestehen. Uranus wird von neun dunklen, schmalen Ringen mit scharf konturierten Grenzen umfasst, die von Schäferhundsatelliten »gehütet« werden. Und die fünf schwach leuchtenden Staubringe Neptuns sind in sich so unterschiedlich dick, dass einige Abschnitte praktisch unsichtbar sind, weshalb der Eindruck entsteht, es handle sich insgesamt nur um partielle *arcs* – Ringverdichtungen. Keines dieser in jüngerer Vergangenheit entdeckten Ringsysteme kann es indes mit Saturns barocken, ja rokokohaft verspielten Ringen aufnehmen. Vielmehr veranschaulicht ein jedes von ihnen einen einzelnen Aspekt der Ringdynamik, also ein auch im Saturnringsystem anzutreffendes Phänomen, das dort freilich in der schieren Fülle der Variationen und Ausschmückungen untergeht.

Alle Ringe wandeln sich fortwährend durch wiederholte Aufbau- und Abbauprozesse. Von Jahr zu Jahr erneuern sich die Ringe unmerklich. Während sie durch interne Kollisionen ständig Teilchen verlieren, füllen neu einströmender

Mondstaub und einfallende Meteoriten das Teilchenreservoir auf.

Jedes Ringsystem ist ein Werk der Gravitation und Harmonie und gleicht einem Modell für den Bauplan des Weltalls. Ringe erinnern an die Geburt der Planetenfamilie, die vor fünf Milliarden Jahren aus einer flachen Scheibe hervorging, welche um die gerade entstandene Sonne rotierte. Ringe finden heute auch vielfache Entsprechungen in den »protoplanetaren Scheiben« um ferne junge Sterne, in denen sich die Rohmaterialien Gas und Staub zu neuen Welten zusammenballen. So stellen die Saturnringe nicht nur zwischen unserem Sonnensystem und anderen, im Entstehen begriffenen extrasolaren Systemen, sondern auch zwischen dem Sonnensystem in seiner heutigen Gestalt und seiner fernen Vergangenheit eine Verbindung her.

»Da die Musik«, schrieb Holst in einem Brief an einen Freund, »identisch mit dem Himmel ist, begeistert und elektrisiert sie nicht als flüchtige Zerstreuung. Sie ist eine Manifestation der Ewigkeit.«

10 Entdeckung oder »Nachtluft«

Uranus und Neptun

Die Herschels waren ungewöhnlich lange wissenschaftlich produktiv. Die Aufsätze von Sir William Herschel, die in diversen Fachzeitschriften erschienen, erstrecken sich über einen Zeitraum von vierzig Jahren. Sir John Herschel publizierte sogar 57 Jahre lang und damit weit länger, als der gewöhnliche Sterbliche damals – im Schnitt – auf Erden weilte. Sir William Herschel starb mit 83 Jahren, Sir John mit 78 und Caroline, die Schwester von Sir William, sogar erst mit 98 Jahren, als wäre sie von dem Ehrgeiz beseelt gewesen, zu zeigen, dass eine Frau noch länger wissenschaftlich produktiv sein kann als ein Mann.

Ist es angemessen, der »Nachtluft« eine krankmachende Wirkung zuzuschreiben, wo doch jene Menschen, die ihr am meisten ausgesetzt sind – die aufgrund ihres Berufs dazu gezwungen sind, Nachtluft zu atmen –, ein derart biblisches Alter erreichen? Denn der Himmelsbeobachter arbeitet vornehmlich im Freien und in guter Nachtluft statt in schlechter Zimmerluft. (Ich glaube Florence Nightingale stellt die Frage: »Kann man nächtens eine andere Luft atmen als Nachtluft?«)

MARIA MITCHELL, AMERIKANISCHE ASTRONOMIN (1818–1889)

Hannover, November 1847

Sehr geehrte Miss Mitchell,
bitte nehmt meine tief empfundenen Glückwünsche zu Eurer jüngsten Entdeckung an. Von mehreren Gewährsleuten hier auf dem Kontinent sowie von meinem Neffen* in London erfuhr ich bereits von dem »Miss-Mitchell-Kometen«, bevor Euer Brief eintraf. Doch wie sehr freut es mich zu erfahren, dass Ihr in Eurer Stunde des Ruhmes an mich dachtet und dass Ihr Euch die Zeit genommen habt, Euern großartigen Erfolg mit einer alten Frau zu teilen. Es stimmt, wie Ihr schreibt, dass uns ein ganz besonderes Band miteinander verbindet. Wenngleich mein Teleskop heute nur noch die hauptsächliche Zierde meines Wohnzimmers ist, so ließ es mich doch ehedem viele Kometen beobachten,

---

* Caroline Herschels Neffe, Sir John Herschel (1792–1871), war Präsident der Royal Astronomical Society und Sohn des berühmten Astronomen Sir William Herschel (1738–1822), der 1781 den Planeten Uranus entdeckte.

wie sie aus der Finsternis hervortraten, zunächst glanz-
los und schlicht gekleidet, dann im Herannahen größer
werdend, bis sie endlich, nahe der Sonne, ihre imposanten,
mit Flaum bedeckten Hauben zeigten und wie kosmische
Pfauen ihre Fächerschwänze ausbreiteten.

Mit besonderer Genugtuung habe ich gehört, dass der
neue Komet Euern Namen tragen soll, Miss Mitchell, denn
dies wird, wie nichts anderes, Euern Nachruhm sichern.
Einer der von mir entdeckten Kometen wurde nach
Professor Encke benannt, der seine Umlaufbahn berechnet
und seine Rückkehr vorhergesagt hatte.* Danach blieben
immer noch sieben weitere Kometen übrig, die auf meinen
Namen – den Namen einer Frau – hätten getauft werden
können, aber daran lag mir nichts, was zum Teil damit
zusammenhing, dass der Name meines Bruders wie ein
Schutzschild über mir hing und ich überdies als seine
Assistentin ein königliches Jahrgeld erhielt. Ihr hingegen
seid eine junge Frau und in einem jungen Land auf Euch
allein gestellt, und die Entdeckung des Kometen wird Euch
gewisslich ganz neue Perspektiven jenseits Eurer Anstellung in der Nantucket Library eröffnen. Sie wird
nicht nur die Sorgen Eurer Familie um Euer Auskommen
beschwichtigen, sondern Euch *auch* die Anerkennung der
Welt für Eure Fähigkeiten einbringen.

So wie Euer Vater, der Gute, Eure Studien förderte,
so unterstützte mein Bruder die meinen, obgleich ich wohl

---

* Der nach Johann Franz Encke (1791–1865), der 1825 Direktor der
  Berliner Sternwarte wurde, benannte Komet hat eine Umlaufzeit
  von 3,3 Jahren.

richtigerweise sagen müsste, dass er mich angelernt hat, weil er einen tüchtigen Assistenten brauchte, der sich lange Stunden gemeinsam mit ihm abmühte, wie es kein angestellter oder geknechteter Gehilfe und kein Lehrling tun würden. Die Ironie wollte es, dass ich zwar Williams rechte Hand bei seinen astronomischen Untersuchungen wurde und alle nächtlichen Beobachtungen feinsäuberlich in die Journale eintrug, doch ausgerechnet an jenem Abend in der Woche meines Geburtstags *abwesend* war, als er den »Kometen« entdeckte, den wir heute den Planeten Uranus zu nennen geruhen.*

Dabei suchte William gar keinen weiteren Planeten, denn wir waren damals fest davon überzeugt, dass die Sonne von nur sechs Planeten umlaufen wurde. Immer wenn mein Bruder beim Durchmustern des Firmaments eine verschwommene oder undeutliche Struktur erblickte, etwas, das sich von den Lichtpunkten der Sterne abhob, fragte er sich spontan, ob er einen neuen Kometen entdeckt habe, den er für sich beanspruchen konnte, oder den wiederkehrenden Kometen eines anderen oder vielleicht eines der rätselhaften nebelartigen Objekte, die ihn so faszinierten.

Ihr, Miss Mitchell, durftet das Hochgefühl kosten, als Erste einen bislang unbekannten Himmelskörper zu sichten, und Ihr habt gewisslich beklemmende Stunden bis zur

---

* Sir William fiel am 13. März 1781, drei Nächte vor dem 31. Geburtstag seiner Schwester, zum ersten Mal der Himmelskörper auf, der später als der Planet Uranus in die Annalen der Astronomie einging. Am 17. März bestätigte er die Bewegung des Objekts.

nächsten wolkenlosen Nacht verbracht, als Ihr den Blick
zur gleichen Stelle am Himmel richtetet, das Herz voll
banger Hoffnung, der verschwommene Fleck möchte nicht
dort verharrt haben, wo Ihr ihn zuletzt erblicktet, sondern
zwischen den Sternen umhergeschweift sein, um durch
seine Bewegung zu bezeugen: »Ja, ich bin ein Komet, und
weil du mich erspäht hast, gehöre ich vielleicht dir!«

Williams Entdeckung wurde zuerst von Dr. Maskelyne
bestätigt, auch wenn er erklärte, dies sei der sonderbarste
Komet, der ihm je untergekommen sei, ohne Schweif, ohne
Koma* und mit einer beunruhigend wohl definierten
Scheibe. Ich glaube, er vermutete gar, dass William einen
Planeten und keinen Kometen entdeckt habe, was für einen
Königlichen Astronomen wahrlich bemerkenswert ist,
und der gute Dr. Maskelyne neigte nicht gerade zu schöpfe-
rischen Gedankensprüngen.** Die Tätigkeit als Königlicher
Astronom erfordert natürlich keine Einbildungskraft,
sondern Akribie bei der Kartierung der Gestirne, worin
sich Dr. Maskelyne hervortat, und dennoch schien er bereit
zu sein, den Sprung zu einem neuen Planeten zu wagen.
Wer hätte das von ihm gedacht?

Er drängte William, einen Aufsatz für die Royal Society
zu schreiben, dem William den schlichten Titel »Bericht

---

* Mit Koma bezeichnet man die Nebelhülle um den Kern eines
Kometen (A. d. Ü.).

** Reverend Doktor Neville Maskelyne (1732–1811) war von 1765
bis zu seinem Tod der fünfte Königliche Astronom Englands. In
Anerkennung der Leistungen von Miss Herschel als Kometenent-
deckerin nannte er sie »Meine ebenbürtige Schwester in der Him-
melskunde«.

über einen Kometen« gab. Eines der Mitglieder der Society
verlas diesen Aufsatz bei der Sitzung im April, während
wir in Bath blieben, wo William noch immer eine Vollzeit-
anstellung als Organist in der Octagon Chapel hatte, und
außerdem hatte uns die unbeabsichtigte Entdeckung des
»Kometen« bei unseren geplanten Sternbeobachtungen und
bei der Vermessung der Abstände zwischen Doppelsternen
zurückgeworfen. Wir gingen also nicht nach London, dafür
kam schon bald halb London zu uns, um unser kleines Haus
mit der Werkstatt im Keller und dem sieben Fuß langen
Teleskop im Garten zu bestaunen.*

Kurz nachdem Williams Komet unser Interesse geweckt
hatte, verabschiedete sich der Himmelskörper in die
Sommerfrische und ließ sich mehrere Monate lang nicht
am Taghimmel blicken, so dass niemand die für die
Berechnung seiner Bahn erforderlichen Beobachtungen
durchführen konnte. Als er Ende August zurückkehrte,
ließen wir ihn – und ich darf wohl behaupten, dass sich
uns hier die Hälfte der europäischen Astronomen, ganz
zu schweigen von Russland, anschloss – nicht mehr aus den
Augen. Nacht für Nacht hofften wir, dass sich unsere
Beobachtungen zu der typischen Parabelbahn eines
Kometen fügen mochten, doch verweigerte sich das
Objekt partout unseren Wünschen und beharrte störrisch

---

* In dem kleinen, im georgianischen Stil erbauten Haus der Herschels in der New King Street Nr. 19 in Bath, England, ist heute
   das öffentlich zugängliche »William Herschel Museum« unter-
   gebracht. Das sieben Fuß lange »Uranus-Teleskop« mit seinem
   6-Zoll-Spiegel befindet sich im Science Museum in London.

auf einer Kreisbahn. Den gesamten Herbst hindurch wollte
der Körper nicht für uns leuchten, und er versagte uns die
Freude, seinen Schweif aufflammen zu sehen. Im November
dämmerte uns dann endlich die Wahrheit: Der Komet war
ein Planet, der doppelt so weit von der Sonne entfernt
war wie Saturn!

Wie ich Euch, Miss Mitchell, eingehend dargelegt habe,
riefen wir unser »Heureka!« erst über ein halbes Jahr nach
der Entdeckung des Himmelskörpers. William hatte etwas
entdeckt, das sich schließlich als etwas ganz anderes heraus-
stellte. Als die wahre Bedeutung seiner Meisterleistung
offenbar wurde und sich herumsprach, dass er mit der
Entdeckung des fernen Planeten den Durchmesser des
Sonnensystems ganz allein auf einen Schlag verdoppelt
hatte, bot ihm König Georg seine offizielle Protektion an,
einschließlich eines ansehnlichen Salärs in Höhe von etwa
zwei Dritteln des Gehalts von Dr. Maskelyne. Der Planet
hätte zu keinem günstigeren Zeitpunkt eintreffen können,
wenn man bedenkt, dass die Krone gerade erst ihre
amerikanischen Kolonien verloren hatte.

William, der allgemein als der erste Mensch in der
Geschichte gerühmt wurde, der einen Planeten entdeckte,
gab fortan keinen Musikunterricht und auch keine Konzerte
mehr, um sich mit ganzer Kraft der Astronomie zu widmen.
In Frankreich setzten sich einige Leute dafür ein, das neue
Gestirn »Planet Herschel« zu nennen, so wie der Himmelskörper, den Ihr entdeckt habt, »Komet Mitchell« heißt.
Männer, die noch nie zuvor etwas von William gehört
hatten, räumten ein, seine selbst gebauten Teleskope
überträfen bei weitem die Instrumente aller großen Stern-

warten. Jeder Besucher verließ uns, tief beeindruckt von dem, was William eigenhändig und auf seine Kosten gebaut hatte. Kaum ein Glückwunschschreiben traf ein, in dem William nicht darum ersucht wurde, dem Schreiber eines seiner Instrumente zu verkaufen.

Doch diese Verehrung verdrehte William nicht den Kopf, und er wollte nichts von einem »Planeten Herschel« hören. Wir waren beide der Ansicht, es sei zwar schön und gut, dass Kometen nach ihren Entdeckern benannt wurden – da dies langjähriger Übung entsprach und da es möglicherweise unzählige Kometen gab –, für die Benennung eines neu entdeckten Planeten müssten jedoch andere Kriterien gelten, da dergleichen viel seltener vorkam.

William schlug zu Ehren des Königs und seiner großmütigen Förderung »Georgium Sidus« vor, worauf jedoch zu bedenken gegeben wurde, dass es wohl ungebührlich wäre, einen Himmelskörper nach einer nationalen Herrschergestalt zu benennen. Viele weitere Namen wurden vorgeschlagen, bevor Herr Bode in Berlin, der die Mythologie nach einem unverfänglichen Taufpaten durchmusterte, mit »Uranus« aufwartete.* Bode veröffentlichte einen bedeutenden astronomischen Almanach, und in dieser Eigenschaft gebot er bei solchen Entscheidungen über ein gewichtiges Mitspracherecht; dennoch blieben *sechzig Jahre* lang drei verschiedene Namen für den Planeten gebräuchlich – »Uranus« in den meisten europäischen

---

* Johann Elert Bode (1747–1826), Herausgeber des *Berliner Astronomischen Jahrbuchs*, wurde 1786 Direktor der Berliner Sternwarte.

Ländern, »Herschel« in Frankreich und »the Georgian«
(Der Georgianer) in England –, bevor sich schließlich
»Uranus« allgemein durchsetzte. In der Zwischenzeit
isolierte ein brillanter Experimentalchemiker – ein weiterer
Deutscher mit Namen Klaproth – aus Pechblende ein
Metall und nannte es »Uranium«. Er belehrte uns, die
altehrwürdigen Alchemisten hätten den Metallen, die sie
bei ihren Experimenten verwendeten, immer Planetennamen gegeben, und daher sei es nicht mehr als recht und
billig, wenn der neu entdeckte Planet nach einem Metall
benannt werde.*

In der Astronomie konzentrierte man sich unterdessen
auf die Berechnung der Bahn des Planeten, unabhängig
davon, welcher Name sich letztlich durchsetzen würde.
Wir fragten uns auch, wieso »Uranus« nicht früher entdeckt worden war, denn wenngleich William den Planeten
durch ein vorzügliches Teleskop sichtete, erspähten ihn
andere Astronomen mühelos mit weniger leistungsfähigen
Instrumenten, nachdem er ihnen gesagt hatte, wo sie am
Himmel danach Ausschau halten sollten. Dies ließ darauf
schließen, dass sich in alten Beobachtungsjournalen nütz-
liche Angaben über die Positionen des Planeten in der
Vergangenheit finden mochten, niedergeschrieben von
ahnungslosen Beobachtern, die den Planeten fälschlich für
einen Stern hielten. Herr Bode widmete sich dieser
Aufgabe, vielleicht weil ihm seine eigenen Jahrbücher
voller Ephemeriden-Tabellen so viel bedeuteten, und er

---

* Der analytische Chemiker Martin Heinrich Klaproth (1743–1817)
    isolierte und benannte Uranium im Jahr 1789.

wurde schon bald für seine Bemühungen belohnt. Er entdeckte eine Himmelskarte von 1756, in der ein Stern verzeichnet war, der an den angegebenen Koordinaten nicht mehr zu sehen war. Diese Stelle am Himmel war jetzt leer, doch die Bahn des Planeten Uranus hätte, so weit man sie bislang berechnen konnte, in ebenjenem Jahr genau diesen Punkt berührt. Dies erwies sich als überaus erfreuliche Bestätigung und veranlasste Bode dazu, umgehend nach weiteren alten Belegstellen für unseren neuen Planeten zu suchen. Tatsächlich war William wohl kaum der Erste gewesen, der Uranus für etwas hielt, was er *nicht* war! Der ehrwürdige Mr. Flamsteed hatte ihn in seinem Sternkatalog von 1690 im Sternbild Taurus (Stier) verzeichnet.* Dies war jedoch kein so glücklicher Treffer, da niemand den – mittlerweile verschwundenen – Stern von Mr. Flamsteed exakt in die Bahn des Uranus, wie wir sie berechnet hatten, einpassen konnte. Einige wollten die Daten aus Greenwich schon als fehlerhaft abtun und machten Nachlässigkeit beziehungsweise ein veraltetes Teleskop für die Unstimmigkeit verantwortlich. Ich hingegen kannte den Sternkatalog von Mr. Flamsteed, der zu seiner Zeit ein berühmter Sternbeobachter und der Königliche Astronom par excellence (vielleicht noch perfektionistischer als seine Nachfolger) war, und es war unwahrscheinlich, dass er sich bei seinen Aufzeichnungen geirrt hatte. Ihr könnt Euch das astronomische Dilemma vorstellen: Einerseits waren wir bei

---

* John Flamsteed (1646–1719) wurde 1675, dem Jahr, in dem das Königliche Observatorium in Greenwich Park eröffnete, Englands erster Königlicher Astronom.

unseren Berechnungen dringend auf die alten Daten angewiesen, da sich der ferne Uranus so quälend langsam von der Stelle bewegte, und niemand hatte Lust, siebzig oder achtzig Jahre damit zu verbringen, einen vollständigen Umlauf des Uranus um die Sonne zu verfolgen! Wenn aber andererseits die alten Beobachtungen die beste gegenwärtige Näherung des Bahnverlaufs über den Haufen warfen, wozu waren sie dann schon zu gebrauchen?

Während unser neu entdeckter Planet seine seltsamen Wanderungen fortsetzte, baute William immer größere Fernrohre. Mit einem dieser Apparate entdeckte er in einer Januarnacht des Jahres 1787, als unser Thermometer 13 Grad Fahrenheit [etwa −11 °C] anzeigte, die beiden Monde des Uranus. Er schlug weder für diese beiden Himmelskörper noch für die beiden Saturnsatelliten, die er zwei Jahre später entdeckte, Namen vor, doch mein Neffe, der sich, bevor er in die Fußstapfen seines Vaters trat und sich der Astronomie widmete, schon einen Ruf als Schöngeist und Kenner der Literatur gemacht hatte (kennen Sie vielleicht Johns Übersetzung der *Ilias*?), gab ihnen ihre Namen. Die Nomenklatur für das Saturnsystem beruht auf der griechisch-römischen Mythologie, doch John benannte die Uranusmonde nach Shakespeare'schen Figuren! Als belesene Bibliothekarin erkennt Ihr, Miss Mitchell, in Oberon und Titania unschwer den König und die Königin der Elfen im *Sommernachtstraum*, eine Anspielung, die indes vielen anderen Astronomen entgangen sein durfte.

Als im Lauf der Jahre immer mehr Beobachtungsdaten über den gemächlich seiner Wege ziehenden Planeten zusammengetragen wurden, wuchsen die Schwierigkeiten, seine Bahn zu berechnen. Je mehr neue Beobachtungen wir anhäuften und je mehr alte Sichtungen wir Beobachtungs- journalen entnahmen, desto weniger ließen sich diese mit- einander in Einklang bringen. Es erwies sich als unmöglich vorherzusagen, wo Uranus in einem oder zwei Jahren stehen würde, wohingegen die meisten Astronomen die künftigen Wege von Jupiter oder Saturn bis ans Ende der Zeit auf Haaresbreite genau vorhersagen konnten. Die störrische Eigenbrötlerei des Uranus nahm sich nachgerade wie ein hässlicher Fleck auf der großen Schönheit der Newton'schen Theorien aus.

Bedauerlicherweise waren die offenen Fragen noch immer nicht beantwortet, als William, vierzig Jahre nach der Entdeckung des Planeten, verstarb. Damals verließ ich England und kehrte nach Hannover zurück, um dort bei meinem Bruder Dietrich zu leben. Keinem von uns fiel auf, dass William mit 83,7 Jahren genau so alt wurde, wie Uranus für einen vollständigen Umlauf um die Sonne benötigt. (Ist das nicht eine bemerkenswerte Koinzidenz, Miss Mitchell?!) Wir wussten nur, dass die Abweichungen zwischen den Vorhersagen und den Beobachtungen immer größer wurden. Vor seinem Tod erklärte William dies noch damit, dass ein großer Komet Uranus getroffen habe, kurz bevor er entdeckt wurde, und die Kollision habe den Planeten aus seiner Bahn gelenkt. Dieser mutmaßliche Zusammenstoß sei wahrscheinlich der Grund für die Diskrepanz zwischen den alten Daten und den neuen, auch wenn diese Lösung weit hergeholt und wenig plausibel erschien – vergleichbar einem Kunstgriff in Shakespeares

Theater oder in der griechischen Tragödie, wo der Deus ex Machina von oben auf die Bühne einschwebte, um die ungelösten Konflikte eines Dramas zu bereinigen.

Trotzdem waren einige Astronomen zunächst von der Einschlag-Hypothese angetan. Doch zeigte sich schon bald nach Williams Tod, dass der unter der Annahme eines Kometen-Einsturzes vorhergesagte Bahnverlauf *ebenfalls* nicht mit der beobachteten Bahn des Planeten überein-stimmte. Den Mathematikern blieb daher, wie ich vermute, nichts anderes übrig, als die Existenz eines weiteren großen Planeten zu postulieren, der sich irgendwo in den Weiten jenseits des Uranus versteckt hielt und ihn aus seiner Bahn ablenkte. Wie sehr hätte William der Scharfsinn gefallen, der eine solche Welt vor dem geistigen Auge erstehen ließ, bevor sie am wirklichen Himmel aufschien, einfach dadurch, dass man die reine Vernunft die Feder über das Papier führen ließ! Was würde er über die beiden heute viel gerühmten Männer sagen, die unabhängig voneinander denselben neuen Planeten entdeckten, ohne dass einer von ihnen je sein Auge an ein Teleskop gesetzt oder überhaupt nur gewusst hätte, durch welches der beiden Teleskop-enden er schauen müsste?*

Bedenkt nur, werte Miss Mitchell, welche rechnerischen Glanzleistungen erforderlich sind, um für einen Himmels-

---

* 1845 schlossen die Theoretiker Urbain Jean-Joseph Leverrier (1811–1877) und John Couch Adams (1819–1892), unabhängig voneinander, erfolgreich ihre Berechnungen ab, aus denen hervor-ging, dass ein großer, äußerer Planet die Unregelmäßigkeiten der Uranusbahn erklären könnte.

183

körper, dessen Existenz nicht erwiesen ist, eine Bahn durch den Äther zu konstruieren. Denkt an die verwirrende Fülle von Möglichkeiten, die zunächst herausgearbeitet und dann nacheinander geprüft werden müssen, um diesen hypothetischen Körper auf seinen hypothetischen Bahnen dazu zu bringen, die Verantwortung für all die Eigenwilligkeiten des Uranus zu übernehmen. Dem Vernehmen nach hat Monsieur Leverrier zehntausend Blatt Papier mit seinen Kalkulationen voll geschrieben, und ich bezweifle dies nicht einen Moment. Mr. Adams kann nicht weniger geleistet haben. Und dennoch musste ein jeder der beiden Männer, nach diesem gigantischen Kraftakt, den er, ohne von der Mühsal des jeweils anderen zu wissen, allein schultern musste, die führenden Astronomen seines Landes *anflehen*, ihre Teleskope auf jene Himmelsregionen auszurichten, in denen der hypothetische Planet zu finden wäre.

Dass der gegenwärtige Königliche Astronom so gut wie keine Notiz von dem unerfahrenen Mr. Adams nahm, der bis dahin noch nichts publiziert hatte, ist traurig, aber begreiflich.* Monsieur Leverrier dagegen hatte sich bereits in den naturwissenschaftlichen Gesellschaften von Paris einen Namen gemacht und seine Vorhersage über den wahrscheinlichen Ort des mutmaßlichen Planeten *veröffentlicht*, doch auch ihm *verweigerte* das Observatorium

---

* Der siebente Königliche Astronom, Sir George Biddel Airy (1801–1892), ist der Nachwelt vor allem wegen seines selbstherrlichen Führungsstils an der Königlichen Sternwarte in Greenwich und wegen seiner »Leistung«, England um die Erstentdeckung des Neptuns gebracht zu haben, im Gedächtnis geblieben.

seines Landes die Zusammenarbeit. (Solltet Ihr, werte
Miss Mitchell, zufällig zu dem kleinen Kreis unabhängiger
Astronomen gehören, die dem Aufruf von Monsieur
Leverrier Beachtung schenkten? Ich hörte, dass mehrere
Amerikaner den Planeten nach seinen Anweisungen
aufzuspüren versuchten.)

Dem beharrlichen Monsieur Leverrier gelang es letztlich,
die offiziellen Kanäle durch ein schriftliches Ersuchen an
den jungen Dr. Galle, einen Assistenten an der Sternwarte
Berlin, zu umgehen. Galle war unmittelbar nach Abschluss
seines Studiums das Glück vergönnt gewesen, den
Halley'schen Kometen zu beobachten (1835), und er hatte
anschließend, in kluger Voraussicht, seine Dissertation
an Leverrier geschickt, so dass sich eine beiderseitige
Verbundenheit entwickelt hatte.* (Ich erwähne diese
Details, um Euch, Miss Mitchell, dazu zu ermuntern,
Eure Entdeckungen so bald als möglich kundzutun, nicht
nur damit Euch die gebührende Anerkennung zuteil wird,
sondern auch, weil der wissenschaftliche Fortschritt auf
dem Austausch von Erkenntnissen beruht.) Galle wusste
zweifellos, dass es ihn seine Stellung kosten könnte,
wenn er ohne Erlaubnis, bloß auf Leverriers Vermutungen
hin, das Teleskop auf eine bestimmte Himmelsregion
ausrichtete, und er wandte sich wohl mit genau dem
rechten Maß an Ernsthaftigkeit und Unterwürfigkeit an

---

* Johann Gottfried Galle (1812–1910) folgte später Encke als Direktor der Berliner Sternwarte nach und wurde so alt, dass er noch
die erneute Wiederkehr des Halley'schen Kometen im Jahr 1910
erlebte.

Professor Encke. Zum Glück für sie alle hatte es Encke an diesem Abend eilig, nach Hause zu kommen, um rechtzeitig zu seiner Geburtstagsfeier da zu sein. Andernfalls hätte er möglicherweise seine Erlaubnis verweigert.

Stellt Euch nun die Szene vor, als Galle und sein Mitarbeiter am selben Abend zu vorgerückter Stunde, außer Atem und unangekündigt, bei Encke an die Tür klopfen, um ihm mitzuteilen, dass sie Leverriers Planeten *gesichtet* hätten!! Mittlerweile suchen auch in England zwei Astronomen, ohne dass es jemand ahnt, den hypothetischen Planeten in einer *heimlichen Planetenjagd*, die endlich vom Königlichen Astronomen gebilligt wurde. Und wo hält sich die distinguierte Person des Königlichen Astronomen in jener Nacht auf, in welcher der neue Planet die Bühne der Welt betritt? Mr. Airy weilt hier in Deutschland (!), vielleicht nur ein paar Kilometer von der Straße entfernt, über die Galle mit seinen unerhörten Neuigkeiten durch die Finsternis eilt! Wahrlich, die Situation gleicht einer Posse, wäre da nicht die Tatsache, dass der Befund die Gültigkeit der Newton'schen Axiome in der schönsten vorstellbaren Weise bestätigt.

Im Anschluss an die heroische Rechenarbeit von Adams und Leverrier und ihre erstaunliche Gleichzeitigkeit möchte Galles Erspähen des Planeten durch das Teleskop nachgerade enttäuschend anmuten. Ich bin jedoch fest davon überzeugt, dass es sein berufliches Weiterkommen befördern wird und dass er, was er auch sonst noch im Leben leisten mag, für immer als der Mensch im Gedächtnis bleiben wird, der als Erster Neptun oder »Oceanus« oder »Leverrier« gesichtet hat, wie man den Planeten vielleicht nennen wird, auch wenn wir uns hier schon mit »Neptun« angefreundet haben.

Mein Neffe wäre Galle beinahe zuvorgekommen und hätte so Uranus und Neptun zu einem Paar von Vater-und-Sohn-Entdeckungen (!) gemacht, denn Johns Erkundungen hatten ihn im Juli 1830 ganz in die Nähe jener Stelle am Himmel geführt – gleichsam in die Straße und zu der Hausnummer, wenn Sie so wollen –, wo sich Neptun damals aufhielt, auch wenn er nicht an die Tür klopfte. John machte sich jedoch aufgrund seines lauteren Charakters keinerlei Vorwürfe wegen dieses Versehens und hatte auch keinerlei Verständnis für den schrecklichen, vom Nationalstolz überschatteten Streit zwischen Frankreich und England um die Benennung des Neptuns. Mein Neffe hat mir geschrieben, Mr. Adams habe den Ort des Planeten mindestens zehn Monate vor Monsieur Leverrier exakt angegeben, doch er habe dies, bis auf seinem Vorgesetzten in Cambridge und dem Königlichen Astronomen in Greenwich, niemandem mitgeteilt. Aufgrund seines besonnenen Stillschweigens bleibt Mr. Adams der Ruhm versagt, und obgleich er sich gnädigerweise mit dem zweiten Platz abfindet, würden seine Landsleute ihn doch lieber als Helden geehrt sehen. (Und nicht wenige wünschen Mr. Airy an den Galgen!)

Doch herrscht, wie ich höre, zwischen den beiden Hauptakteuren keinerlei Ranküne, denn als sich Mr. Adams und Monsieur Leverrier letzten Juni in Oxford trafen, verstanden sie sich sogleich ausgezeichnet, und ihr Verhältnis wurde noch herzlicher, als sie im Juli gemeinsam im Haus meines Neffen weilten. Ich nehme an, sie verbindet die Versessenheit, mit der sie sich ihrem gemeinsamen Forschungsgegenstand widmen. Sie ziehen sich gegenseitig so stark an, wie ihr Planet und der Planet meines Bruders durch die Gesetze der Himmelsmechanik aneinander gebunden sind. Lange Zeit wusste der eine nichts vom anderen, und jeder handelte unabhängig vom anderen, so wie sich Uranus und Neptun scheinbar gegenseitig nicht beeinflussten, als sie durch die großen Entfernungen, die ihre Bahnen erlauben, getrennt waren. Doch bald nachdem mein Bruder den Uranus entdeckt hatte, näherte sich sein Planet der Position Neptuns, wo die beiden Himmelskörper – der eine im Rampenlicht, der andere hinter den Kulissen – die ganze Kraft ihrer wechselseitigen Anziehung enthüllten.

Im Nachhinein kann man leicht verstehen, weshalb Uranus etwa seit der Zeit seiner Entdeckung im Jahr 1781 immer stärker beschleunigte, bis er 1822 mit dem *unsichtbaren* und viel *langsameren* Neptun in Konjunktion trat. Nachdem Uranus den Neptun in jenem Jahr (dem Todesjahr meines Bruders William) überholte, verringerte er allmählich seine Geschwindigkeit und löste jene Vorhersagekrise aus, die Adams und Leverrier, aus je eigenen Gründen, dazu veranlasste, das *Uranus-Problem* eingehend zu durchdenken und schließlich eine Lösung zu präsentieren: *die Existenz des Neptuns.*

Ich habe bereits erwähnt, dass die Anzahl der Lebensjahre Williams genau der Umlaufzeit des von ihm entdeckten Planeten entspricht; zweifellos wird die gemächliche Umlaufgeschwindigkeit des Neptuns das Lebensalter von Adams und Leverrier zusammengenommen übersteigen, vielleicht sogar die Summe, die man erhält, wenn man auch noch Galles Alter dazurechnet.*

Und jetzt zwingt der neu entdeckte Neptunmond unsere zwei Meisterrechner dazu, in ihren Berechnungen fortzufahren. Wie schnell sich dieser Körper offenbarte, als wollte er sich selbst als das vollkommene Mittel darbieten, um die zwangsläufig groben Schätzungen der Neptunmasse zu verfeinern!** Adams und Leverrier konnten gar nicht anders, als die Masse des hypothetischen Neptuns zu hoch zu veranschlagen, da beide seine Entfernung von der Sonne überschätzten. Da Körper jedoch (im Hinblick auf ihre wechselseitige Anziehung) gemäß dem Gravitationsgesetz Masse und Entfernung gegeneinander aufwiegen können, geht die Rechnung letztlich doch auf, und der kleinere, aber nähere Neptun kann eine genauso starke Kraft ausüben wie der größere, aber fernere auf dem Papier. Nach dieser neuen Erklärung ist Neptun der Zwillingsbruder des Uranus, zumindest was ihre Masse betrifft.

Wie lange, glaubt Ihr, werte Miss Mitchell, wird es wohl dauern, den Planeten weitere Geheimnisse zu

---

* Neptun benötigt für einen vollständigen Umlauf 164 Jahre – länger als die Summe der 66 Lebensjahre Leverriers und der 73 Lebensjahre von Adams; doch Galles 98 Jahre geben den Ausschlag zugunsten der Astronomen.

** Nur Wochen nach der erstmaligen Sichtung Neptuns (am 23. September 1846) entdeckte der Amateurastronom William Lassell (1799–1880) aus Liverpool den größten Neptunmond, Triton (am 10. Oktober). Andere Astronomen bestätigten die Entdeckung im folgenden Juli.

entreißen? Wann werden wir wissen, welche Metalle sie
durcheinander rühren und welche Gase sie ausströmen?
Zweifellos werden kommende astronomische Entdeckungen
immer stärkere, immer leistungsfähigere Teleskope
erfordern. Selbst wenn brillante Köpfe die Positionen
bislang unbekannter Planeten allein aus theoretischen
Annahmen und mathematischen Berechnungen ableiten,
werden wir gewiss große Instrumente brauchen, um jene
deduzierten Welten aus dem Reich des Unsichtbaren
hervorzulocken. Die größten Spiegelteleskope Williams
erreichten eine Länge von vierzig Fuß [ca. 13 Meter] und
hatten einen Spiegel mit einem Durchmesser von vier Fuß
[ca. 1,5 Meter], aber der riesige Spiegel wurde so häufig
matt, dass William ihn durch ein kleineres, handlicheres
Instrument ersetzte. Mein Neffe stellte den Koloss vor ein
paar Jahren an Weihnachten in aller Form außer Dienst;
damals versammelte er sich mit seiner Frau Margaret und
all ihren Kindern im Innern der Röhre, um eine Ballade zu
singen, die er eigens für diesen Anlass komponiert hatte.
Aber ich wette, dass kluge Erfinder schon bald – vielleicht
noch zu Euern Lebzeiten – hervortreten und größere,
gewagtere Entwürfe vorlegen werden, die weit über das
hinausgehen, was sich William zutraute, um riesige Licht-
meere aus dem Weltenraum zu sammeln.

In freudiger Erwartung gemeinsamer staunenswerter
Sichtungen und noch einmal mit den tiefsten, herzlichsten
Glückwünschen verbleibe ich

Eure sehr ergebene
Caroline Lucretia Herschel.

POSTSKRIPTUM

Caroline Herschel und ihr Bruder beteuerten bis an ihr Lebensende, die Entdeckung des Uranus sei kein glücklicher Zufall gewesen, sondern die Frucht der langjährigen Arbeit an einem hervorragenden Instrument und der ständigen praktischen Übung daran.

»Einem Menschen beizubringen, mit einer solchen Vergrößerungskraft zu sehen«, schrieb Sir William, »ist fast das Gleiche, wie wenn man mich bitten würde, ihm beizubringen, eine Händel'sche Fuge auf der Orgel zu spielen.«

Als 200 Jahre später überraschend Ringe um den Planeten entdeckt wurden, wurde auch diese Beobachtung ein Zufall genannt. Aber um diesem Glück nachzuhelfen, mussten sich zehn Astronomen, die unbedingt die genauen Abmessungen des Uranus ermitteln wollten, in der zum Observatorium umgebauten Nutzlastbucht eines Flugzeugs drängen, das über den Indischen Ozean flog und dabei dem vorhergesagten Durchgang des Planeten vor einem Stern nachjagte.

Etwa eine halbe Stunde vor dem Zeitpunkt am 10. März 1977, zu dem Uranus den Stern vorübergehend verdecken sollte, blinkte der Stern kurz. Er blinkte abermals, noch mehrere weitere Male, bis ihn Uranus 22 Minuten lang vollständig verdunkelte. Nachdem der Stern hinter der Scheibe des Planeten wieder zum Vorschein kam, fing er wieder an zu blinken, wobei er das frühere Blinkmuster in umgekehrter Reihenfolge durchlief, als wäre er auf der anderen Seite des Uranus spiegelbildlichen Hindernissen begegnet. Die ebenso verblüfften wie elektrisierten Astronomen sprachen noch vor dem Ende ihres historischen Flugs von der Möglichkeit, dass Uranus Ringe besitze, auch wenn wissenschaftliche Bedachtsamkeit und Zweifel sie dazu bewogen, die Existenz der Ringe erst einige Tage später öffentlich bekannt zu geben.

Sir William selbst hatte einmal berichtet, er habe bei dem von ihm entdeckten Planeten einen Ring gesehen, aber später nahm er die Behauptung zurück und erklärte, er sei einer Sinnestäuschung erlegen. Selbst mit dem besten seiner ausgezeichneten Teleskope konnte er die ultradunklen, ultradünnen Reifen aus dicht gepackten Eisbrocken und -staub wohl nicht erspähen, denn die Ringe warfen zu wenig sichtbares Licht zurück. Sie verrieten ihre Anwesenheit nur dadurch, dass sie das Licht eines Sterns verdeckten, und sie blieben neun wesenlose, unsichtbare Schatten, bis sie knapp zehn Jahre nach ihrer Entdeckung schließlich von einer Raumsonde aus der Nähe in Augenschein genommen und fotografiert wurden.

Normalerweise umschließen die Ringe den Planeten an der Stelle seiner größten Breite, dem Äquator. Doch Uranus, dem vor sehr langer Zeit ein sehr großer Himmelskörper einen heftigen Schlag versetzte, ist am Äquator abgeplattet. Infolgedessen umschließen seine Ringe den Planeten nicht horizontal, wie es die Saturnringe tun, sondern vertikal, was Uranus das Aussehen einer am Himmel aufgehängten Zielscheibe verleiht. Durch diese Scheibe schoss die Raumsonde Voyager 2 wie ein Pfeil, der sein Ziel um Haaresbreite verfehlt, als sie im Januar 1986 an Uranus vorbeiflog.

Die Raumsonde entdeckte zwei weitere schwach leuchtende Uranusringe und zehn Kleinsttrabanten. Astronomen hatten einen Schwarm kleiner Monde vorhergesagt, die für die scharfen Begrenzungen der Uranusringe verantwortlich sein sollten, und die plötzliche Fülle an Körpern zwang sie dazu, ihre Shakespeare-Kenntnisse aufzufrischen. Cordelia, Julia, Ophelia, Desdemona und ihresgleichen gesellten sich so zu Titania, Oberon und den drei anderen bereits bekannten Monden. Seit 1992 haben hochmoderne Teleskope auf der Erde und in künstlichen Satelliten auf erdnahen Umlaufbahnen weitere Minitrabanten aufgespürt, die in gebührender Weise nach Shakespeare'schen Zauberern, Ungeheuern und Nebenfiguren benannt wurden.

Die meisten dieser Monde sind scheinbar so dunkel gefärbt wie die Ringe, als wären sie mit Ruß überzogen. Vielleicht hat die Stoßwelle der Kollision, die Uranus vor langer Zeit hochkant stellte, die kohlenstoffhaltigen Verbindungen des Planeten erhitzt und eine riesige Menge schwarzen Staubs aufgewirbelt, der die Begleiter des Planeten mit einer Schmutzschicht überzog.

Im Gegensatz zu den rußigen Monden und Ringen gleicht Uranus selbst einer hellen, blass schimmernden blaugrünen Perle. Sein Zwillingsplanet, Neptun, enthüllt eine vielschichtigere Schönheit mit feinen Streifen und Flecken in Königs- und Marineblau, Azur, Türkis und Aquamarin. Beide Planeten haben ihre oberen Atmosphärenschichten mit gefrorenen Methankristallen angereichert, welche die roten Wellenlängen des einfallenden Sonnenlichts absorbieren, während sie Licht im blauen und grünen Spektralbereich in den Raum zurückwerfen.

Unter diesen bläulichen Wasserstoff-Helium-Himmeln haben weder der Uranus noch der Neptun eine feste Oberfläche. Vielmehr weichen ihre atmosphärischen Gase inneren Gasen, die sich unter dem wachsenden Druck tieferer

Schichten zunehmend verdichten und schließlich in ihren gefrorenen Gesteinskernen enden.

Uranus und Neptun fallen in eine eigene Planetenklasse, die der so genannten Eisriesen. Beide übertreffen die Masse der Erde um ein Vielfaches (Uranus um das Fünfzehnfache, Neptun um das Siebzehnfache), werden jedoch ihrerseits von den »Gasriesen« Jupiter (318 Erdmassen) und Saturn (95) in den Schatten gestellt. Die Eisriesen hätten vielleicht ebenfalls größere Ausmaße annehmen können, wenn sie beim großen Materieschmaus in der Wachstumsphase der Planeten nicht hinter den Gasriesen gestanden hätten.

Die »Eissorten«, die die tiefen Atmosphären des Uranus und Neptuns kennzeichnen, bestehen aus Wasser, Ammoniak und Methan. Planetologen nennen diese Stoffe Eis, weil sie bei niedrigen Temperaturen erstarren. Im Innern von Uranus und Neptun werden diese Eissorten durch den hohen Druck wie in einem Dampfkochtopf verflüssigt und brodeln wie Ozeane aus einer Wasser-Ammoniak-Methan-Suppe. Auch diese heiße Suppe wird im Sprachgebrauch der Planetologie jedoch als »Eis« bezeichnet, so wie Shakespeare in seinem *Sommernachtstraum* von »glühend Eis und schwarzem Schnee« spricht.

Die Drehbewegungen von Uranus und Neptun induzieren in der brodelnden Flüssigkeit der Planetenmäntel, wo sich kochendes Eis mit Stücken aus geschmolzenem Gestein vermischt, elektrische Ströme, die um beide Planeten globale Magnetfelder erzeugen.

Uranus und Neptun haben ähnliche Rotationsperioden (17 Stunden beziehungsweise 16 Stunden), aber ihre »Tage« vergehen in sehr unterschiedlicher Weise, weil die ungewöhnlich starke Neigung des Uranus dem Begriff »Tag« im Ablauf der Jahreszeiten seine übliche Bedeutung nimmt. Auf der Seite liegend, braucht Uranus für einen vollständigen Umlauf um die Sonne 84 Erdjahre. Bei jedem Umlauf zeigt sein Südpol zwanzig Jahre lang Richtung Sonne, und anschließend ist der Nordpol zwanzig Jahre lang zur Sonne ausgerichtet. In dieser Zeit erzeugt die schnelle Rotation des Planeten keinen Zyklus von Helligkeit und Dunkelheit, so dass die »Tage« (und »Nächte«) volle zwanzig Jahre dauern. Wenn die Sonnenstrahlen während der beiden übrigen Perioden von zwanzig Jahren am Äquator des Uranus auftreffen, verkürzen sich die Tage jedoch auf etwa acht Stunden, gefolgt von Nächten gleicher Länge.

Die Neigung von Neptun um 29 Grad – was etwa der Neigung der Erde, des Mars oder des Saturns entspricht – sorgt dafür, dass die Tage während der unerhört langen Neptunjahre, die jeweils 163,7 Erdjahren oder fast zwei Uranusjahren entsprechen, stets gleich bleibend 16 Stunden dauern.

Nur sehr wenig Licht oder Wärme von der Sonne gelangt über die Entfernung von etwa drei Milliarden Kilometer zum Uranus, und noch weniger erreicht Neptun, der noch einmal 1,5 Milliarden Kilometer weiter von der Sonne entfernt ist. Dennoch weisen die oberen Atmosphären beider Planeten die gleiche niedrige Temperatur auf, und diese Ähnlichkeit verrät einen bedeutsamen Unterschied zwischen ihnen: Der sonnenfernere Neptun erzeugt erheblich mehr Wärme in seinem Innern.

Die Wärme Neptuns treibt ein dynamisches Wettergeschehen an: Dunkle Stürme und weiße Wolken streifen auf rasanten Winden über die blauen Weiten des Planeten. Einige dieser Stürme gleichen in Größe und Form dem Großen Roten Fleck von Jupiter, allerdings wechseln sie offenbar beliebig ihre Form, während sie über den Planeten rasen. Sie wandern auch nach Belieben über die Breitengrade hinweg, wobei sie sich allmählich auflösen.

Bevor *Voyager 2* im Jahr 1989 an Neptun vorbeiflog, besaß der Planet nur zwei bekannte Monde. Der größere, der erstmals 1846 von William Lassell beobachtet wurde und später den Namen Triton erhielt (nach dem Sohn Neptuns, dem Meeresgott), versetzte seinen Entdecker in Erstaunen, da er den Planeten *rückläufig* umrundete. Vermutlich fing Neptun diesen Mond ein – einen Himmelskörper von der Größe des Planeten Pluto – und zwang ihn in eine Umlaufbahn. Der zweite Mond, Nereide (eine Meernymphe), wurde 1949 von Gerard Kuiper entdeckt und benannt.[*]

Voyager 2 spürte sechs kleine dunkle Trabanten auf, deren Bahnen nahe und zwischen den schwach leuchtenden Staub- und Eisringen von Neptun verlaufen. Diese Monde – Naiad, Thalassa, Despina, Galatea, Larissa und Proteus (alle nach Meeresgottheiten benannt) – bewirken, dass sich die Ringpartikeln zu unregelmäßigen Klumpen zusammenballen. Aus der Ferne betrachtet, erscheinen die Ringe gegen den Sternenhintergrund als fragmentarische Bögen, weil sie das Sternenlicht auf der einen oder der anderen Seite Neptuns, nicht aber auf beiden Seiten blockieren. Nur bei genauerem

---

[*] Der niederländisch-amerikanische Astronom Gerard Peter Kuiper (1905–1973) gilt im Allgemeinen als der Vater der modernen Planetologie.

Hinsehen verbinden sich die Teilkurven entlang dünner Materiebrücken zu vollständigen Ringen.

Obgleich die beiden Eisriesen seit den 1980er Jahren von keiner Raumsonde mehr erkundet wurden, sind gerade in jüngster Zeit mit Hilfe von Infrarotbeobachtungen – also Beobachtungen in ebenjenem Bereich des elektromagnetischen Spektrums, den Sir William Herschel im Jahr 1800 entdeckte – von der Erde beziehungsweise erdnahen künstlichen Satelliten aus eine Fülle neuer Erkenntnisse über Uranus und Neptun zusammengetragen worden.

Sir William, der mit Thermometern und einem Prisma experimentierte, hatte die Temperatur der verschiedenen Farben des Sonnenlichts gemessen. Ihm fiel auf, dass die Quecksilbersäule von Violett über Rot hinaus anstieg, um dann in dem »unsichtbaren Licht« beziehungsweise den »Wärmestrahlen«, wie er es nannte, jenseits des roten Spektralbereichs *weiter* anzusteigen. Allerdings konnte er diese wichtige Entdeckung nicht für seine astronomischen Forschungen fruchtbar machen, denn Wasserdampf in der Erdatmosphäre – derselbe gefürchtete Feind, der Sir William dazu veranlasste, seine Haut mit einer Zwiebel einzureiben, um sich vor der klammen, frostigen Nachtluft zu schützen – hält den größten Teil der Infrarotemissionen von Planeten und Sternen ab.

Die Sicht von Weltraumteleskopen auf erdnahen Umlaufbahnen wird hingegen nicht von der atmosphärischen Feuchtigkeit getrübt. Von einem Hochsitz knapp 600 Kilometer über der Erdoberfläche hat die Infrarotkamera des Hubble-Weltraumteleskops die jüngsten Veränderungen der Eisriesen verfolgt. Auch große, speziell ausgerüstete Teleskope, die hoch über dem Meeresspiegel in Hawaii und Chile errichtet wurden, können mittlerweile die wenigen Wellenlängen im Infrarotbereich, welche die Erdatmosphäre durchdringen, auffangen und verstärken. Detaillierte neue Zeitrafferaufnahmen zeigen eine dunkle Kappe, die sich über den eintönigen Südpol des Uranus ausbreitet, während sich der Sommer dort langsam seinem Ende zuneigt; derweil ziehen in der Nordhemisphäre große leuchtende Wolken zusammen. Wenn auf dem Planeten eine neue Jahreszeit anbricht, dreht er seine dünnen Ringe so, dass sie mit ihrer Kante zur Erde zeigen. (Wären die Ringe nicht schon 1977 entdeckt worden, würden sie sich inzwischen der Entdeckung entziehen.) Auf Neptun hellt sich die Farbe des Himmels durch leuchtende neue Wolken, die gegenwärtig über der Südhemisphäre entstehen, allmählich auf.

Der Planet Neptun, der aus den Tiefen des Raumes herausgefischt wurde, um das Rätsel einer unregelmäßigen Bahnbewegung zu lösen, bedankte sich für seine Entdeckung mit einem neuen dynamischen Problem. Zu Beginn des zwanzigsten Jahrhunderts heizte die Überzeugung, dass Neptun allein nicht sämtliche Kapriolen der Bahnbewegung des Uranus (ganz zu schweigen von einigen Unregelmäßigkeiten der Neptunbahn selbst) erklären könne, die »Suche nach einem Planeten X« an, die schließlich in der Entdeckung Plutos gipfelte.[*] Neuere Berechnungen zeigen indes, dass die Masse von Neptun doch ausreichend ist. *Voyager 2*, die einzige

---

[*] Pluto wurde von dem amerikanischen Astronomen Clyde W. Tombaugh (1906–1997) entdeckt, und die Entdeckung wurde am 13. März 1930 öffentlich bekannt gegeben.

Raumsonde, die an Jupiter, Saturn, Uranus und Neptun vorbeigeflogen ist, lieferte präzise Messungen der Anziehungskraft, die ein jeder der Riesenplaneten auf die geringe Masse der Sonde ausübte. Aufgrund dieser Ergebnisse musste die Massenschätzung für Neptun um 0,5 Prozent nach oben korrigiert werden, was gerade ausreicht, um Pluto als Einflussfaktor auf die Uranusbahn auszuklammern. Wie zu Zeiten von Caroline Herschel lassen sich die Bahnbewegungen des Uranus nach wie vor auf die Anwesenheit von Neptun zurückführen.

Während sich aber die Uranusbahn ohne unbekannte Einflussgrößen aus den äußeren Randbezirken des Sonnensystems erklären lässt, ist dies bei den Neptunmonden anders. Die seltsamen Umlaufbahnen Tritons und der Nereide sind ein starkes Indiz für ihren Ursprung in den Weiten jenseits des Sonnensystems. Dort draußen, weit jenseits der Planetenbahnen und knapp unterhalb der gegenwärtigen technischen Nachweisschwelle, harren noch unzählige Himmelskörper der Entdeckung.

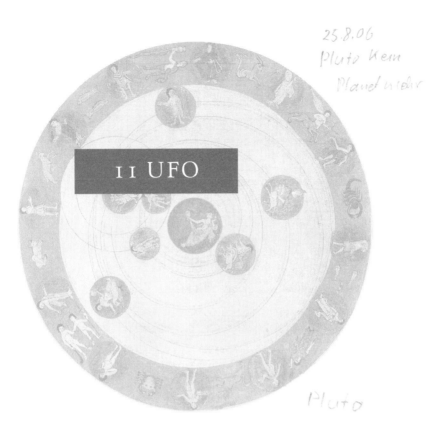

11 UFO

Mein Großvater Dave traf als Jugendlicher in einer großen Menschenmenge auf Ellis Island ein. In der Fremde auf sich allein gestellt, nahm er jede Arbeit an, die er kriegen konnte – er nähte Knopflöcher, trug Limonade aus –, um seine Mutter, seinen Vater und seine jüngeren Brüder über den Ozean, dessen Dimensionen damals noch Lichtjahren glichen, nachzuholen. »Mama!«, rief er ihr vom anderen Ende der Einwanderungshalle zu, in der sie von Quarantäneärzten wegen einer Augeninfektion, die fremdartiger und unerwünschter war als sie selbst, festgehalten worden war. Die Abschiebung schien unmittelbar bevorzustehen, doch dann hießen die Beamten, die von dem ergreifenden Wiedersehen zwischen Mutter und Sohn angerührt waren, Malka Gruber in den Vereinigten Staaten willkommen.

Meine Mutter konnte diese Geschichte nie erzählen, ohne in Tränen auszubrechen, als hätte sie die Umarmungen mit eigenen Augen gesehen oder wäre selbst von dem Einreiseverbot bedroht gewesen. Noch im hohen Alter zitterte ihre Stimme, wenn sie jene Begebenheit schilderte, die sich lange vor ihrer Geburt ereignet hatte. Selbst ich, die ich noch eine Generation weiter weg bin, bin manchmal darüber zu Tränen gerührt – eine einfühlende Reaktion, die mich, wie eine neuere psychologische Studie gezeigt hat, anfällig macht für die Bildung falscher Erinnerungen, wie etwa jene heute von schätzungsweise drei Millionen Amerikanern gehegte Vorstellung, sie hätten Kontakt mit Besuchern von einem anderen Planeten gehabt.

Die Idee, Fremde könnten von anderen Planeten kommen – und nicht bloß von irdischen »Heimatländern«, die meine Großeltern und andere Auswanderer verlassen hatten –, wurde 1896 zum Gemeingut. In jenem Jahr machte Percival Lowell, der Spross der wohlhabenden und privilegierten Lowells aus Boston, die Öffentlichkeit auf die Not der bemitleidenswerten Marsbewohner aufmerksam, die ihre Wasservorräte nahezu aufgebraucht hätten und mit dem Rest, den sie durch Kanäle leiteten, die ihren Planeten kreuz und quer durchzogen, sehr haushalten müssten.

Lowell hatte als junger Mann Europa sowie den Mittleren und Fernen Osten bereist und dabei seine Sprachbegabung und sein Talent, den Yankees fremdländische Sitten und Bräuche zu erklären, unter Beweis gestellt. Er rüstete sich für die Annäherung des Mars, der 1894 der Erde wieder einmal besonders nahe kam, indem er seiner Passion für die Astronomie frönte und in Flagstaff, Arizona, ein privates Observatorium errichtete, wo ihm kein Wissenschaftler, keine Militärs oder Behörden dreinreden konnten. Dabei übernahm sich der 39-jährige Lowell derart, dass er einen Nervenzusammenbruch erlitt: Er baute die Sternwarte auf dem »Mars-Hügel«, stellte das Personal ein und beschaffte die Ausrüstung; anschließend beobachtete er den Planeten von Mai 1894 bis Ende April 1895, trug seine Gedanken und 900 Zeichnungen in seinem populärwissenschaftlichen Buch *Mars* zusammen und wandte sich auf einer ausgedehnten Vortragsreise an zahllose interessierte Laien, bevor er 1897 nach Mexiko eilte, um die nächste Marsopposition ja nicht zu versäumen. Lowells Zusammenbruch, der als »schwere nervliche Erschöpfung« diagnostiziert wurde, setzte ihn vier Jahre außer Gefecht.

Als er 1901 auf den Mars-Hügel zurückkehrte, musste er feststellen, dass seine Mitarbeiter wegen der ganzen Sensationsmache um die vermeintlichen Marskanäle völlig demotiviert waren. Lowells Aufsehen erregende Schlussfolgerungen und seine Publizitätsgier hatten ihn zur Zielscheibe des Spotts von professionellen Astronomen gemacht. Obgleich jegliche Kritik an ihm selbst abprallte, wollte Lowell, der während seines Studiums an der Universität Harvard eine Leuchte in Mathematik gewesen war, unbedingt den guten Ruf der Sternwarte wiederherstellen, indem er den Aufenthaltsort eines neunten Planeten berechnete. Die Abweichung zwischen der beobachteten und der berechneten Uranusbahn war noch immer so groß, dass durchaus die Chance bestand, die spektakulären Meisterleistungen von Adams und Leverrier im neunzehnten Jahrhundert auf amerikanischem Boden zu wiederholen und einen neuen Planeten jenseits Neptuns zu Tage zu fördern.

Lowell nannte das Objekt, auf das er es abgesehen hatte, »Planet X«. Er verfolgte es enthusiastisch, wenn auch erfolglos bis zu seinem Tod im Jahr 1916. Weil Lowells Witwe sein Testament anfocht, war das Observatorium während der nächsten zehn Jahre praktisch stillgelegt. Die Planetensuche wurde schließlich 1929 wieder aufgenommen, mit einem neuen Teleskop, das in einer neu erbauten Kuppel auf dem Mars-Hügel aufgestellt worden war, und von einem unerfahrenen jungen Mann – einem Amateur, der lediglich einen High-School-Abschluss hatte –, der ohne Vorstellungsgespräch, allein aufgrund seiner schriftlichen Referenzen, eingestellt wurde.

Clyde Tombaugh, vielleicht der kräftigste, fleißigste und grundanständigste junge Kerl, der jemals die üppigen Weizenfelder Kansas für einen astronomischen Ausguck in der dünnen Höhenluft Arizonas verließ, löste mit seinen Ersparnissen eine einfache Zugfahrkarte nach Flagstaff. Einer spontanen Eingebung folgend, hatte er seine Zeichnungen des Jupiters und des Mars, so wie er die Planeten durch sein selbst gebautes Teleskop gesehen hatte, an das Lowell-Observatorium geschickt. Der Direktor war so angetan, dass er ihm zurückschrieb, sich nach seiner Gesundheit erkundigte und ihm den schwierigen, schlecht bezahlten Job eines modernen Sternguckers anbot, der das Firmament, Zentimeter für Zentimeter, systematisch durchmustern sollte.

Anders als Johann Galle, der den Neptun schon nach einstündiger gezielter Suche dingfest gemacht hatte, verbrachte Clyde Tombaugh volle zehn Monate in den kalten Nächten unter dem geöffneten Kuppeldach auf dem Mars-Hügel; in dieser Zeit fotografierte er den Himmel in einer akribischen Serie von Aufnahmen ab, die er stundenlang belichtete. Nachdem er die fotografischen Platten entwickelt hatte, verglich er sie paarweise unter einem Mikroskop, wobei er die Tausende von Lichtpunkten eingehend untersuchte, um herauszufinden, ob irgendwelche von einer Aufnahme zur nächsten ihre Position verändert hatten. Mit diesem mühsamen, langwierigen Verfahren gelang es ihm Mitte Februar 1930, Lowells Planeten X zu lokalisieren. Der Planet durchlief das Sternbild Zwilling, und zwar mit einer Geschwindigkeit, die darauf schließen ließ, dass seine Bahn etwa 1,6 Milliarden Kilometer jenseits der Neptunbahn verlief – und er sich ungefähr an den von Lowell vorhergesagten Koordinaten befand.

Tombaughs skeptische ältere Kollegen ließen ihn seine Entdeckung drei Wochen lang bestätigen und wieder bestätigen, bevor sie eine offizielle Mitteilung herausgaben und einen detaillierten Rundbrief an alle ihnen bekannten Observatorien und astronomischen Institute schickten. Die Meldung schlug ein wie eine Bombe. Die Nachrichtenagentur übermittelte die Nachricht telegrafisch, und als sie schließlich in der Redaktion von *The Tiller and Toiler*, dem Wochenanzeiger des Pawnee County, Kansas, eintraf, rief der Herausgeber Muron und Adella Tombaugh auf ihrer Farm in Burdett an und fragte sie: »Wussten Sie schon, dass Ihr Sohn einen Planeten entdeckt hat?«

Clyde war 24 Jahre alt. Nachdem er Geschichte geschrieben hatte, ließ er sich von der Sternwarte beurlauben und studierte an der Universität Kansas Astronomie.

Als sich die Nachricht von der Entdeckung Plutos herumsprach, traf eine Flut von Telegrammen in Flagstaff ein, gefolgt von Säcken von Briefen und Hunderten von Besuchern tagtäglich. Reporter verlangten dringend nach Fotos, doch die Aufnahmen von dem neu entdeckten Planeten enttäuschten zweifellos die meisten Erwartungen. Die Himmelsausschnitte zeigten ein Tintenspritzer-Muster und unterschieden sich lediglich in der Position eines einzelnen Punktes, der nicht größer war als ein i-Tüpfelchen.

Mit den besten verfügbaren Instrumenten bemühte man sich um bessere Ansichten von Pluto, doch nur wenige konnten den unscharfen Punkt zu einer Scheibe auflösen, die Ähnlichkeit mit einem Planeten hatte, geschweige denn Merkmale seiner Oberfläche erkennen. Tatsächlich ist Pluto so klein und so weit entfernt, dass selbst die bislang detailgenauesten Porträts, die das Hubble-Weltraumteleskop lieferte, lediglich eine verschwommene, grau schattierte Scheibe zeigen, die genauso unbefriedigend und so verwaschen ist wie ein gefälschtes Foto eines UFOs.

Skeptische Astronomen bezweifelten 1930 die vermeintliche Entdeckung von Lowells Planet X. *Dieser* Planet sollte die Masse der Erde um ein Mehrfaches übertreffen, da er nur dann groß genug wäre, um Uranus und Neptun abzulenken. Der neu entdeckte Planet war offensichtlich viel zu unscheinbar, um Riesen zu sich ziehen zu können.

Seit den 1930er Jahren ist Pluto mit jeder Verbesserung der Messtechniken immer weiter geschrumpft. Seine Masse schwand von der ursprünglichen Schätzung von *zehn* Erdmassen über *ein Zehntel* und *ein Hundertstel* Erdmasse zu etwa *zwei Tausendstel* der Masse unseres Planeten. Gleichzeitig verkleinerte sich der Durchmesser Plutos von erdähnlichen 12 500 Kilometern zu, höchstens, 2400 Kilometern. Pluto ist kleiner als der Planet Merkur und kleiner auch als sieben Trabanten im Sonnensystem einschließlich des Erdmondes. Plutos Mond, Charon, der 1978 entdeckt wurde, besitzt die Hälfte des Durchmessers von Pluto, während die meisten anderen Trabanten nur einen Durchmesser von einem Hundertstel ihrer Mutterplaneten haben.

Plutos jähe Größenabnahme im Verlauf der fünfzig Jahre nach seiner Entdeckung veranlasste zwei Planetologen dazu, 1980 ein skurriles Diagramm zu veröffentlichen, das die Miniaturisierung Plutos in Abhängigkeit von der Zeit darstellte und das baldige Verschwinden des Planeten vorhersagte!

Nicht genug damit, dass Pluto als Schrumpfzwerg verhöhnt wurde, sprach man ihm auch noch jegliche Daseinsberechtigung ab, nachdem *Voyager 2* im Jahr 1989 an Neptun vorbeigeflogen war. Die Notwendigkeit eines neunten Planeten erübrigte sich, als man erkannte, dass Neptun und Uranus ihre unregelmäßigen Bahnen gegenseitig stabilisieren. Die Berechnungen, die Lowell zu der Vorhersage des Planeten X veranlasst hatten, waren ebenso wenig wasserdicht wie seine Marskanäle. Pluto war in das öffentliche Bewusstsein als Antwort auf eine Frage eingetreten, die sich gar nicht stellte.

Im Jahr 1992 tauchte am Rand des Sonnensystems ein kleiner neuer plutoartiger Himmelskörper auf, 1993 weitere fünf Exemplare des gleichen Typs, und im Verlauf der nächsten Jahre wurden nochmals mehrere *Hundert* gesichtet. Diese randständige Population verlieh Pluto eine neue Identität – wenn schon nicht der letzte Planet, so doch immerhin der erste Bewohner eines fernen, dicht besiedelten Gestades.

Pluto schien das gleiche Schicksal zu widerfahren wie dem ersten Asteroiden, Ceres. Ceres, nach der man, wie nach Pluto, aufgrund mathematischer Berechnungen fahndete, wurde zu Beginn des neunzehnten Jahrhunderts als der »fehlende Planet« zwischen Mars und Jupiter begrüßt. Als weitere Beobachtungen ergaben, dass Ceres nicht zu den Planeten gehören konnte, weil sie zu klein war und zu zahlreiche typgleiche Geschwister hatte, klassifizierten Astronomen 1802 die ganze Sippschaft zunächst als »Asteroiden« und später als »Planetoiden«.

Kein Sturm der Entrüstung erhob sich, als Ceres, Pallas und ihre Gefährten planetologisch herabgestuft wurden. Pluto hingegen verteidigt, zumindest emotional, seinen planetarischen Anspruch. Die Menschen lieben Pluto. Die Kinder identifizieren sich mit seiner Kleinwüchsigkeit. Erwachsene fühlen sich von seiner Unzulänglichkeit, seinem Randdasein als Außenseiter angesprochen. Jeder, der sich an ein Kontingent von neun Planeten gewöhnt hat – jeder, der am Status quo festhalten möchte –, scheut davor zurück, Pluto wegen eines bloßen wissenschaftlichen Details in der Rangordnung der Himmelskörper herabzustufen.

Selbst innerhalb der vielleicht 600 Mitglieder umfassenden Gemeinschaft der Planetologen gehen die Meinungen über Pluto schroff auseinander. Ist er ein Planet oder nicht? Leider kann das Wort »Planet«, das geprägt wurde, lange bevor die Wissenschaft exakte Definitionen verlangte, die vielen verschiedenen Bedeutungsabstufungen, welche die jüngsten Entdeckungen notwendig machen, nicht angemessen wiedergeben.*

Obgleich das Bemühen, Pluto aus dem Planetenverzeichnis zu tilgen, weithin als schmachvolle Degradierung empfunden wird, wird es in Wirklichkeit doch nur der größeren Mannigfaltigkeit eines erweiterten Sonnensystems gerecht. Pluto und seinesgleichen füllen eine torusförmige »dritte Zone«, die sich jenseits der Neptunbahn über eine Weite erstreckt, die mindestens der fünffachen Entfernung zwischen Erde–Sonne entspricht. Da sich alle Objekte in dieser Region grundlegend von den erdartigen Planeten in der ersten Zone beziehungsweise den Gas- und Eisriesen in der zweiten unterscheiden, erhielten sie einen eigenen Gattungsnamen: Sie werden »Eiszwerge« beziehungsweise »Kuiper-Objekte« genannt.

Ihr Namensgeber, der Astronom Gerard Kuiper, postulierte erstmals 1950 die Existenz dieser Himmelskörper. Der in den Niederlanden geborene und ausgebildete Kuiper emigrierte 1933 in die Vereinigten Staaten und wurde zum bedeutendsten Planetenforscher des Landes. Die Reihe seiner Entdeckungen reicht von der Atmosphäre des (Saturntrabanten) Titan bis zu bislang unbekannten Uranus- und

---

* Das Wort »Leben« stellt die Astrobiologen vor ähnliche Schwierigkeiten wie das Wort »Planet« die Planetologen: Ein Lauffeuer beispielsweise zeigt ein lebensähnliches Verhalten, da es Sauerstoff verbraucht, wächst, sich bewegt, »Nährstoffe« verbrennt, ja sogar mit seinen Funken neue Brände auslöst, trotzdem ist es nicht »lebendig«.

Neptunmonden. Außerdem sagte er vorher, dass Pluto, dieser einsame Außenseiter im Sonnensystem, Hunderte oder gar Tausende von Geschwistern haben sollte. Als die von Kuiper prophezeiten Scharen fünfzig Jahre später in den transneptunischen Weiten nach und nach zum Vorschein kamen, erkannten die Astronomen darin die Bestätigung seiner Hypothese. Zu der stetig wachsenden Zahl von Kuiper-Objekten gehören auch die 2002 entdeckten größeren Körper Quaoar, Varuna und Ixion. In ihren Namen spiegelt sich eine moderne, ethnisch erweiterte Nomenklatur wider: So war etwa Quaoar die von den Tonga, den Ureinwohnern des heutigen Großraums Los Angeles, verehrte schöpferische Kraft.

Pluto, das erste und größte Objekt im Kuiper-Gürtel, bewegt sich auf einer stark geneigten und extrem elliptischen Umlaufbahn. In einem Zeitraum von 248 Jahren steigt Pluto bald über die Ebene des Sonnensystems auf, bald sinkt er darunter ab; der sonnenfernste Punkt seiner Bahn liegt doppelt so weit von der Sonne entfernt wie Neptun, der sonnennächste Punkt innerhalb der Neptunbahn.* Diese Bahn, die sich grundlegend von allen anderen Planetenbahnen unterscheidet, trug von Anfang an dazu bei, Pluto als einen Außenseiter zu brandmarken. Nach den Maßstäben des Kuiper-Gürtels hingegen ist es eine ganz normale Bahn. Etwa 150 weitere Kuiper-Objekte folgen der gleichen Bahn,

---

* Pluto tauchte zum letzten Mal 1979 in die Neptunbahn ein, die er 1999 wieder verließ. Im Perihel (Sonnennähe) im Jahr 1989 befand sich der Pluto etwa 1,6 Milliarden Kilometer näher an der Erde als bei seiner Entdeckung 1930.

und sie alle vermeiden die Kollision mit dem Neptun dank eines Resonanzverhältnisses zwischen ihren Bahnen: In der Zeit, in der Neptun die Sonne dreimal umläuft, umrunden Pluto und seine Konsorten die Sonne zweimal. Pluto tritt immer während seines Bahnaufschwungs in die Neptunbahn ein, so dass er den Neptun weiter unter sich und mindestens eine viertel Bahnlänge hinter sich lässt.

Pluto dreht sich in sechs Tagen ein Mal um seine Achse, so dass die verschwommenen Flecken seiner vagen Landschaft bald sichtbar, bald unsichtbar werden. Wie Uranus wurde auch Pluto von einem interplanetaren Geschosskörper getroffen, weshalb er »auf der Seite« liegt. Tatsächlich glauben die Planetologen, ein einziger Einschlag habe Pluto umgeworfen und zugleich seinen Mond Charon aus ihm herausgeschlagen.

Pluto und Charon, die nur 19 500 Kilometer voneinander entfernt sind, schließen sich gegenseitig in eine Umlaufbahn um einen Punkt ein, der zwischen ihnen liegt. Beide rotieren gleich schnell, während sie gemeinsam diesen Punkt umlaufen, so dass sie sich gegenseitig immer die gleiche Seite darbieten. Aufgrund der einzigartigen Kopplung ihrer Bahnen wurden Pluto und Charon in »Pluto-Charon« umbenannt, womit sie das erste bekannte Beispiel eines wahren »Doppel«- oder »binären Planeten« sind.

Weniger als zehn Jahre nach der Entdeckung Charons richteten sich Pluto und Charon im Raum so aus, dass sie sich, von der Erde aus betrachtet, abwechselnd gegenseitig verdecken. Eine solche zufällige Ausrichtung kann nur zweimal während eines Sonnenumlaufs von Pluto auftreten, das heißt ein Mal alle 124 Jahre. Seit 1985 nutzen Astronomen die zahlreichen wechselseitigen Bedeckungen, um die Masse, den Durchmesser und die Dichte der beiden Körper in bestmöglicher Näherung zu bestimmen. Pluto und Charon sind dichter als die ihnen benachbarten Gasriesen, wenn ihre Dichte auch nicht halb so groß ist wie die der eisenreichen erdartigen Planeten Merkur, Venus und Erde.

Etwa zwei Drittel bis drei Viertel Plutos bestehen vermutlich aus Gestein, der Rest aus Eis. Über der Grundschicht aus Wassereis wurden Felder aus gefrorenem Stickstoff, Methan und Kohlenmonoxid nachgewiesen. Wenn sich Pluto alle 200 Jahre während seiner größten Annäherung an die Sonne (innerhalb der Neptunbahn) zwanzig Jahre lang erwärmt, verdampft die Oberfläche des Planeten teilweise und bildet eine aufgeblähte, verdünnte Atmosphäre. Wenn Pluto später von der Sonne zurückweicht und seine Temperaturen wieder in den frostigen Normalbereich (etwa –200 °C) sinken, fällt die Atmosphäre zusammen und hüllt den Boden, insbesondere um die Pole herum, mit frischem, exotischem Schnee ein. In dieser Hinsicht verhält sich Pluto fast wie ein Komet (der sich ebenfalls aufwärmt und bei der Annäherung an die Sonne vereistes Gas abbläst), auch wenn er zu weit entfernt ist, um dem irdischen Beobachter einen gleichartigen Augenschmaus darzubieten.

Auf dem weiten Weg zu Pluto wird das Sonnenlicht tausendfach abgeschwächt, so dass auf dem sonnenbeschienenen Planeten tagsüber Lichtverhältnisse wie an einem Winterabend im Mondlicht auf der Erde herrschen. Auf der reflektierenden Landschaft Plutos erkennt man neben leuchtenden Eisflächen dunkle Regionen, die möglicherweise aus zutage liegendem Gestein bestehen oder aus Ablagerungen organischer Verbindungen, die durch die ultraviolette Strahlung der Sonne aus dem Eis herausgezogen wurden. Vermutlich kommen auf Pluto auch Polymere in kohlenstoffreichen Farben – Rosa, Rot, Orange, Schwarz – in großer Fülle vor.

Ungeachtet der ähnlichen Zusammensetzung und des gemeinsamen Ursprungs des Paares Pluto-Charon kann der Plutomond aufgrund seiner geringeren Masse und folglich auch niedrigeren Massenanziehung Gase nicht an sich binden. Moleküle, die an der Oberfläche Charons verdampfen, schweben nicht über dem Boden, darauf wartend, als Schneeflocken zurückzukehren – vielmehr entweichen sie einfach in den Raum. Folglich reflektiert Charon viel weniger Licht als Pluto, und seine Oberfläche wird auf Fotos vermutlich mattgrau erscheinen, wenn der binäre Planet Pluto-Charon irgendwann von einer vorbeifliegenden Raumsonde abfotografiert wird.

Alle früheren Versuche, eine Mission zum Pluto zu organisieren, scheiterten bereits in der Finanzierungsphase – lange bevor eine Sonde die Startrampe erreichte oder gar ihren langen Anflug begonnen hätte. Jetzt, nach der enttäuschenden Streichung von Projekten wie »Pluto Express« oder »Pluto Fast Flyby«, können sich Plutophile endlich über einen Kundschafter freuen, der für den Flug zum Kuiper-Gürtel vorbereitet wird. Die minimalistische NASA-Sonde »New Horizons«, die Pluto, Charon und mindestens ein weiteres Kuiper-Objekt aus geringer Entfernung kartieren und fotografieren soll, sollte ihr gelobtes Land im Jahr 2015 erblicken. Bis dahin wird die Anzahl der bekannten Kuiper-Objekte vielleicht exponentiell anwachsen, von den bislang

identifizierten 700 auf mehrere hunderttausend, wie allgemein erwartet wird.

Schon die Demographie des Kuiper-Gürtels deutet auf
große Einwanderungswellen hin, die die Frühgeschichte des
Sonnensystems prägten. Sämtliche Kuiper-Objekte wurden
offenbar zu der Zeit, als die Riesenplaneten ihren Anwach-
sungsprozess beendeten, aus sonnennäheren Positionen an
ihre gegenwärtigen Standorte vertrieben. Jupiter und Saturn
verschlangen einige kleine Planetesimale in ihrer Nachbarschaft und beschleunigten viele weitere mit solcher Kraft,
dass die Körper aus dem Sonnensystem hinausgeschleudert
wurden. Obgleich Uranus und Neptun ebenfalls an dieser
Zerstreuung von Planetesimalen beteiligt waren, fehlte ihnen
die Kraft, Objekte gänzlich außer Reichweite der Sonne zu
katapultieren, und so verbannten sie diese stattdessen in den
Kuiper-Gürtel.

Aufgrund dieser Vertreibungen verlor der Jupiter einen
Teil seiner orbitalen Bewegungsenergie und rückte näher an
die Sonne heran. Saturn, Uranus und Neptun hingegen erhielten zusätzliche Energie und bewegten sich weiter von der
Sonne weg. Pluto, von dem man annimmt, dass er in dieser
Frühphase eine regelmäßige runde Bahn beschrieb, wurde unter dem Einfluss der Massenanziehung Neptuns von der Sonne weggezogen. Im Verlauf von Zigmillionen Jahren zwang
Neptun den Exilanten par excellence, Pluto, auf eine immer
elliptischere Bahn mit immer größerem Neigungswinkel.

Pluto und die übrigen Bewohner des Kuiper-Gürtels wurden so maßgeblich von den Ereignissen im Sonnensystem beeinflusst. Die Wissenschaftler, die gehofft hatten, der Kuiper-
Gürtel enthalte ursprüngliches Material, das sich seit der

Entstehung der Sonne nicht verändert hatte, müssen heute erkennen, dass es sich in Wirklichkeit um einen »Kriegsschauplatz« handelt, in dem Himmelskörper wild übereinander herfallen. Unverfälschtes Material aus der Urzeit des Sonnensystems ist nur in noch größerer Entfernung anzutreffen.

Heute geraten immer fernere Kleinkörper jenseits des Kuiper-Gürtels in unseren Blick. Der Planetoid Sedna, der 2004 entdeckt wurde und nach der Inuit-Göttin des Eismeeres benannt ist, ist gegenwärtig das kälteste, fernste bekannte Mitglied des Sonnensystems. Etwa halb so groß wie der Erdmond, scheint Sedna sich auf einer Bahn zu bewegen, die sich über das 900fache der Entfernung Erde-Sonne erstreckt und die der Planetoid in 10 000 Jahren ein Mal umläuft.

Noch weiter draußen, zwischen dem verschwommenen Körper Sednas und den leuchtenden, fernen Gestirnen, erwarten die Astronomen, auf einen kugelförmig angeordneten Schwarm von Billionen weiterer kleiner Objekte zu stoßen, die das Sonnensystem umhüllen. Unter diesen gefrorenen Relikten aus der Entstehungszeit des Sonnensystems finden wir vielleicht grundlegende Antworten auf die Frage, woher wir kommen.

Die entlegenen uralten Trümmer verteilen sich über ein so riesiges Gebiet, dass der Rand des Sonnensystems durchsichtig ist wie eine Kristallkugel. Durch diese kugelförmige Außengrenze können wir ständig durch die Milchstraße, die Heimat unserer Sonne, hindurch in andere Galaxien blicken, die sich wie über das Universum ausgestreute Windmühlen drehen. Um ihre vielen Milliarden Sterne tummeln sich unzählige Planeten.

Manchmal verstört mich der Anblick der Tiefen des Weltalls derart, dass ich wie eine verschreckte Maus in die behagliche Geborgenheit eines Nests tief im Erdreich huschen möchte. Doch ebenso oft habe ich das Gefühl, dass mich das Weltall herzlich zu sich zieht und mich in eine größere Gemeinschaft aufnimmt – durch die anderen belebten Welten, die in seinen Weiten verborgen sind.

12 Planetenforscher

Im Sommer 2004 fand in Andy Ingersolls Haus in Pasadena eine große Party statt, nachdem sich die Raumsonde *Cassini* am Vorabend makellos in eine Umlaufbahn um den Saturn eingefädelt hatte. Das gesellige Beisammensein bei Musik und Tanz, Speisen und Getränken war eigentlich für die Wissenschaftler und Ingenieure gedacht, deren jahrelange Arbeit einen so erfreulichen Anlass zum Feiern gegeben hatte, doch einige wenige Außenstehende, die sich zur rechten Zeit am rechten Ort aufgehalten hatten, waren ebenfalls eingeladen worden.

Ich traf zu früh ein und fand unseren Gastgeber, einen altgedienten und hoch verehrten Planetenforscher, der im nahen Jet Propulsion Laboratory arbeitet, beim Basteln eines Saturnmodells, das er an der Zufahrt als Ortsmarkierung für die etwa 200 geladenen Gäste aufhängen wollte. Auf dem abgeräumten Küchentisch schnitt er aus Plakatkarton Ringe auf die geeignete Größe zu und klebte sie rings um einen alten roten Ball, an dem ein Seil befestigt war. Ein Kollege kam durch eine Hintertür herein und gab dem Bastler beiläufig einige technische Ratschläge, als wäre dieser Jux eine neue wissenschaftliche Herausforderung. Nach wenigen Minuten baumelte Saturn dann von einem Ast.

Der hoch gewachsene, hagere Ingersoll ist ein Experte für die Modellierung der Atmosphären von Planeten. Aus gewaltigen Datenmengen, die mit Hilfe von Teleskopen und Raumfahrzeugen gesammelt werden – Temperatur-werte, Gashäufigkeiten, Strömungs- und Druckdaten, Wind-geschwindigkeiten, Wolkenmuster –, erstellt er ausgetüftelte Wettermodelle. Seine wissenschaftlichen Aufsätze tragen Titel wie »Das außer Kontrolle geratene Treibhaus: Eine Geschichte des Wassers auf der Venus«, »Zur Dynamik der Wolkenschichten auf dem Jupiter« und »Saisonale Pufferung des Atmosphärendrucks auf dem Mars«. An Scharfsinn steht er den berühmtesten Astronomen der Geschichte gewiss nicht nach, und doch ist es unwahrscheinlich, dass sein Name in gleicher Weise überdauern wird wie der eines Cas-sini oder Huygens, denn das Wesen der naturwissenschaft-lichen Forschung selbst hat sich gewandelt. Die Zeit der ein-samen Genies ist vorbei – heute ist Teamarbeit angesagt.

Das überschwängliche Volleyballspiel der zu früh Gekom-menen im Hinterhof von Ingersolls Haus endete etwa eine halbe Stunde später, als die Mitarbeiter eines Partyservice

eintrafen, das lange Büfett aufbauten und Tische und Klapp-
stühle unter den Bäumen und darum herum aufstellten. In
der Gruppe, an deren Tisch ich mich zufällig setzte, sprach
die eine Hälfte Italienisch und die andere Englisch mit bri-
tischem Akzent. Die Party wurde immer internationaler,
weil die Raumsonde *Cassini* in jeder Hinsicht weltumspan-
nend ist. Als Gemeinschaftsprojekt von NASA, ESA (Euro-
päische Raumfahrtagentur) und ASI (Agenzia Spaziale Ita-
liana) repräsentiert *Cassini* siebzehn Länder und die vereinten
Fähigkeiten von etwa 5000 Personen einschließlich einer
Gruppe von Näherinnen, die den thermischen Goldlamé-
Anzug der Raumsonde maßschneiderten, der ihre Instrumente gegen staubkorngroße Mikrometeoroiden und die
extreme Kälte in Saturnnähe abschirmen soll.

Jeder Schwung Nachzügler brachte die neuesten Lage-
berichte aus dem Labor mit. Einige von ihnen hatten un-
übersehbar seit mehreren Tagen kein Auge zugetan, aber sie
waren hocherfreut, dass ihre Mühen sich allem Anschein
nach gelohnt hatten. Die Nachrichten von *Cassini*, die fortwährend in den Empfangsstationen des Deep Space Net-
work in Spanien, Australien und Kalifornien eingingen, deuteten auf einen einwandfreien Betrieb hin und übertrafen
sogar noch die Erwartungen. Die ersten Nahaufnahmen der
Sonde von den Saturnringen wiesen eine so brillante Tiefen-
schärfe auf, dass ein Astronom einem anderen, der früher
Zugriff auf den Datenstrom gehabt hatte, vorgeworfen hatte,
die Bilder aus Jux und Tollerei frisiert zu haben.

Der Adrenalinstoß, den die meisten dieser Männer und
Frauen am Vorabend erlebt hatten, war einer allgemeinen
Hochstimmung gewichen, einer echten Saturnalie. Die Fei-

ernden stießen nicht nur auf den aktuellen Erfolg an, sondern auch auf das Gelingen der nächsten Hauptphase der Mission – der für sechs Monate später geplanten Landung der an Bord von *Cassini* mitgeführten Instrumentenkapsel, der Eintrittssonde *Huygens*, auf dem größten Saturnmond, Titan. Dieser imposante Trabant, der größer ist als Merkur oder Pluto und der eine dichte, orangefarben schimmernde Atmosphäre besitzt, die genauso stickstoffreich ist wie die Erdatmosphäre, faszinierte die Wissenschaftler schon seit langem, verhieß er doch Einsichten in den Zustand der frühen Erde vor der Entstehung des Lebens. Noch wusste niemand, wie die Oberfläche Titans, die hinter Dunstschleiern verborgen lag, beschaffen war, doch viele Astronomen waren fest davon überzeugt, dass sich dort riesige Seen aus kaltem flüssigem Methan und anderen Kohlenwasserstoffen befanden.

»Ich träume davon, in einem Ozean zu landen«, hatte der wissenschaftliche Leiter des *Huygens*-Projekts, Jean-Pierre Lebreton, auf einer Pressekonferenz am Tag vor der Party gesagt. »Titan zu besuchen heißt, einen Blick auf die Erde vor vier Milliarden Jahren zu werfen.«

Nachdem Christiaan Huygens den Trabanten 1655 erstmals von Den Haag aus beobachtet hatte, nannte er Titan schlicht »den Mond des Saturns«. Jean Dominique Cassini, der zwischen 1672 und 1684 vier weitere Saturnmonde entdeckte, begnügte sich damit, sie mit Ziffern zu bezeichnen. Und als Sir William Herschel 1789 die *nächsten* beiden sichtete, versah er sie ebenfalls mit Nummern. Doch Sir Williams Sohn, Sir John Herschel, wählte für alle Trabanten Namen aus der griechischen Mythologie aus, wobei er mit

»Titan« begann, nach jenem uralten Geschlecht von Riesen, den Titanen, deren jüngster Saturn war.*

Im Dezember 2004 setzte *Cassini* planmäßig die Landungssonde *Huygens* ab, die sie auf ihrer siebenjährigen Reise von Cape Canaveral mit sich geführt hatte, und schubste sie Richtung Titan. In den nächsten drei Wochen flog *Huygens*, noch immer im Tiefschlaf, folgsam zu dem Rendezvous-Punkt, während *Cassini* eine weitere lange Schleife um Saturn zog und rechtzeitig für die geplante Erweckung zurückkehrte.

Am 14. Januar 2005 weckte *Huygens*' eingebaute Weckuhr sämtliche Bordsysteme, die sich daraufhin für ihren Einsatz auf Titan vorbereiteten. Die Landungssonde trat mit dem Hitzeschild voran in die Titanatmosphäre ein, wurde durch die Reibung in der dichten Atmosphäre abgebremst und glitt dann an den geöffneten Fallschirmen sanft zu Boden. Während des zweieinhalbstündigen Abstiegs nahm sie fortwährend Proben von den Wolken und den Dunstschwaden, und als sie nahe genug an die kalte Oberfläche des Mondes herangekommen war (bis auf knapp 50 Kilometer, wie es das Bordradar anzeigte), begann sie auch Fotos zu machen und funkte die Daten an *Cassini*, die sie an die Empfangsstationen auf der Erde weiterleitete.

---

* Spätere Astronomen folgten diesem Beispiel bis hin zu Pan, dem 1990 entdeckten 18. Saturnsatelliten. Die nächsten zwölf Monde, darunter Mundilfari und Ymir, erhielten Namen aus breiteren kulturellen Kontexten, während die beiden Trabanten, die erstmals von *Cassini* gesichtet wurden, noch immer unter ihren vorläufigen Bezeichnungen als »S/2004 S3« und »S/2004 S4« firmieren.

Auf dem Titan sah *Huygens* so vertraute Anblicke wie Wolken, die ihre Form verändern, und so seltsame wie die neuartigen Landschaften einer völlig fremden Welt, die zu exotisch sind, als dass man sie automatisch analysieren könnte.

Die Tatsache, dass *Huygens* das Aufsetzen unbeschadet überstand und mehrere Stunden lang durch kontinuierliche Datenübertragung ihre fulminante Widerstandsfähigkeit unter Beweis stellte, widerlegte die weit verbreitete Erwartung, die Sonde würde in einem Methansee versinken. Dabei ist die große dunkle Ebene, auf der sich *Huygens* selbst zur letzten Ruhe bettete und die jetzt »Xanadu« heißt, nicht der Ort einer falschen Vorhersage, sondern vielmehr der Einstiegspunkt für eine neue Betrachtungsweise unseres Sonnensystems und auch anderer Sonnensysteme.

Ich wünschte, ich könnte Ihnen berichten, was als Nächstes geschieht, was bei der Auswertung der *Huygens*-Daten herauskommt, was *Cassini* begegnete, als sie an diesem oder jenem Saturnsatelliten vorüberglitt – Mimas, Enceladus, Tethys, Dione, Rhea, Iapetus –, auf ihrem arbeitsreichen Erkundungsflug, der noch lange nicht zu Ende ist. Aber welches Buch kann schon mit den Ereignissen in einem sich so dynamisch entwickelnden Forschungsgebiet Schritt halten? Wenn diese Seiten den einen oder anderen Leser dazu veranlasst haben, sich mit den Planeten anzufreunden, in ihnen die tragenden Säulen einer jahrhundertealten Volkskultur und die Inspirationsquelle für hochfliegende menschliche Bestrebungen zu erkennen, dann habe ich das erreicht, was ich erreichen wollte.

Ich für meinen Teil gestehe freimütig, dass die erstaun-

lichen wissenschaftlichen Daten, die ich hier mitteilen durfte, den Planeten nichts von ihrem tieferen Zauber nahm. Sie
gleichen einer Sammlung magischer Münzen oder kostbarer
Edelsteine, die man in einem kleinen privaten Kabinett-
schrank voller Wunderdinge verwahrt – schillernd, sinn-
trächtig und berückend schön.

DANKSAGUNG

Ein herzliches Dankeschön all den Wissenschaftlern und Beratern, die mir ihre Zeit oder ihre Begeisterung oder beides so freigebig gewährten: Diane Ackerman, Kaare Aksnes, Claudia Alexander, Mara Alper, Victoria Barnsley, Jim Bell, Bob Berman, Rick Binzel, William Brewer, Joseph Burns, Donald Campbell, John Casani, Clark Chapman, K. C. Cole, Guy Consolmagno, Kathryn Court, Dave Crisp, Jeff Cuzzi, David Douglas, Frank Drake, Jim Elliot, Larry Esposito, Tony Fantozzi, Timothy Ferris, Jeffrey Frank, Lou Friedman, Maressa Gershowitz, George Gibson, Owen Gingerich, Tommy Gold († 2004), Dan Goldin, Peter Goldreich, Donald Goldsmith, Heidi Hammel, Fred Hess, Susan Hobson, Ludger Ikas, Torrence Johnson, Isaac und Zoe Klein, E. C. Krupp, Nathania und Orin Kurtz, Barbara Lebkeucher, Sanjay Limaye, Jack Lissauer, Rosaly Lopez, M. G. Lord, Stephen Maran, Melissa McGrath, Ellis Miner, Philip Morrison, Michael Mumma, Bruce Murray, Keith Noll, Doug Offenhartz, Donald Olson, Jay Pasachoff, Nicholas Pearson, Elaine Peterson, David Pieri, Carolyn Porco, Christopher Potter, Byron Preiss, Pilar Queen, Kate Rubin, Vera Rubin, Carl Sagan († 1996), Lydia Salant, Carolyn Scherr, Steven Soter, Steve Sqyres, Rob Staehle, Alan Stern, Dick Teresi, Rich Terrile, Peter Thomas, John Trauger,

Scott Tremaine, Alfonso Triggiani, Neil deGrasse Tyson, Joseph Veverka, Stacy Weinstein, Joy Wulke, Paolo Zaninoni und Wendy Zomparelli.

Zwei Personen haben sich wirklich mit ganzer Kraft für dieses Projekt eingesetzt und die endgültige Version entscheidend mitgeprägt: Michael Carlisle von InkWell Management, mein wunderbarer Agent, der unbedingt wissen wollte, worin der Unterschied zwischen dem Sonnensystem und der Milchstraße und zwischen der Galaxis und dem Weltall besteht; und Jane von Mehren, die Cheflektorin und Verlagsleiterin bei Penguin Books, die auf mein Manuskript mit Dutzenden von scharfsinnigen Fragen und Hunderten von hilfreichen Anregungen reagierte, die sie alle mit Nachsicht und Klugheit zum Ausdruck brachte. Michael und Jane hätten sich am Anfang gewiss nicht als »Planetophile« bezeichnet, doch jetzt, nach unserer gemeinsamen Reise, spähen sie viel öfter in den Nachthimmel als früher.

GLOSSAR

APOGÄUM, (ERDFERNE), *n.*: die größte Entfernung von der Erde, die der Mond bei seinem monatlichen Erdumlauf beziehungsweise ein die Erde umlaufender künstlicher Satellit erreicht.

ÄQUINOKTIUM, *n.*: wörtlich: »nachtgleich«; die beiden Tage in einem Jahr, an denen die Sonne den Äquator überschreitet und an denen Tag und Nacht für die meisten Erdbewohner genau gleich lang sind (daher auch Tagundnachtgleiche genannt).

AREOGRAPH: jemand, der die Oberfläche des Mars (Ares) kartographiert.

ASTEROID (PLANETOID): ein kleiner Planet, der im Allgemeinen aus Gesteinsmaterial besteht. Einige Hunderttausend Asteroiden umlaufen die Sonne in der breiten Lücke zwischen Mars und Jupiter.

DREHIMPULS: die Neigung eines rotierenden oder umlaufenden Körpers, ein konstantes Gleichgewicht zwischen seiner Größe und seiner Rotationsgeschwindigkeit aufrechtzuerhalten, wie es ein Eiskunstläufer veranschaulicht, der seine Drehgeschwindigkeit erhöht, indem er seine Arme einzieht, und dann verlangsamt, indem er die Arme ausstreckt.

DURCHGANG (TRANSIT): der Vorübergang eines Himmelskörpers vor einem anderen, so etwa, wenn Merkur oder Venus über die Sonnenscheibe ziehen. Die Satelliten von Jupiter und Saturn können ebenfalls beim Durchgang vor den Scheiben ihrer Mutterplaneten beobachtet werden.

DURICRUST: locker zementierter Staub auf der Marsoberfläche, der vermutlich durch Ablagerung und Verdunstung von Wasser und Kohlendioxid entstanden ist.

EKLIPSE: *siehe* Finsternis

EKLIPTIK: die scheinbare Bahn der Sonne, des Mondes und der Planeten am Himmel, wie sie von der Erde aus erscheint, so benannt nach den Finsternissen – Eklipsen; die Ebene des Tierkreises und der Erdbahn.

ELEKTROMAGNETISCHE STRAHLUNG: Licht in all seinen Erscheinungsformen, von energiereichen Gamma- und Röntgenstrahlen über Ultraviolettstrahlung, sichtbares Licht und Infrarotstrahlung bis hin zu Mikro- und Radiowellen.

ELONGATION: der günstigste Zeitpunkt, um Merkur oder Venus zu beobachten, die sonnennächsten, inneren Planeten, wenn sie ihre größte scheinbare Entfernung westlich oder östlich von der Sonne erreichen. Die größtmögliche Elongation für Merkur beträgt 28 Grad, für Venus 47 Grad.

ENTWEICHGESCHWINDIGKEIT (FLUCHTGESCHWINDIGKEIT): die Geschwindigkeit, die eine Rakete (oder ein anderer Körper) erreichen muss, um sich aus dem Gravitationsfeld eines Planeten zu befreien und in den Raum aufzusteigen.

EPHEMERIDE: eine tabellarische Zusammenstellung der berechneten Positionen von Himmelskörpern, insbesondere der Planeten und Kometen.

ERSTARRUNGSGESTEIN (MAGMAGESTEIN): Gesteinsarten, die durch Erstarrung einstmals schmelzflüssiger Magma oder Lava entstanden sind.

EXTREMOPHILE: jeder Bewohner eines extremen Lebensraums, der für alle nicht hinreichend angepassten Lebensformen toxisch oder anderweitig unzuträglich ist.

EXZENTRIZITÄT: das Ausmaß, in dem die Bahn eines Körpers von einem Kreis abweicht. (Die Plutobahn ist stark exzentrisch – eine lang gestreckte Ellipse, während die Bahnen von Venus und Neptun praktisch kreisförmig sind.)

FINSTERNIS (EKLIPSE): das teilweise oder vollständige Verschwinden eines Himmelskörpers hinter einem anderen oder in dessen Schatten. (Bei einer Sonnenfinsternis verdeckt die Mondscheibe für den irdischen Beobachter die Sonne; bei einer Mondfinsternis fällt der Erdschatten auf den Mond.)

GALAXIE: eine Anhäufung von Milliarden von Sternen, die alle durch gravitative Wechselwirkungen zusammengehalten werden, wie in der Heimatgalaxie des Sonnensystems, der Milchstraße (Galaxis).

HELLIGKEIT: die in so genannten Größenklassen gemessene Helligkeit eines Himmelskörpers; dabei kann die *scheinbare* Helligkeit (die relative Leuchtkraft des Körpers von der Erde aus gesehen) erheblich von der *absoluten* Helligkeit abweichen.

KARTUSCHE: In der Kartographie ein Zierrahmen, der Text enthält, wie etwa den Titel der Karte, den Maßstab und oft auch Symbole der dargestellten Regionen.

KOMA, *f.*: die unscharfe Hülle um den Kern eines Kometen.

KOMET: ein kleiner Himmelskörper aus Eis, der die Sonne auf einer stark elliptischen Bahn umläuft und bei Annäherung an die Sonne Gas- und Staubstrahlen ausstößt und so seine Gestalt verändert.

KORONAE (Sing. KORONA) *f.*: eine Folge konzentrischer Ringe um Landschaftsformationen wie Dome und Depressionen auf der Venus, die dort auftreten, wo die Oberflächenkruste am dünnsten ist.

KUIPER-GÜRTEL: eine donut(torus-)förmige Region jenseits der Neptunbahn, benannt nach Gerard Kuiper, die Hunderttausende von Planetoiden aus Eis beherbergt. Einige dieser Körper werden, wenn sie durch gravitative Einwirkung oder Kollisionen auf Bahnen abgelenkt werden, die sie nahe an der Sonne vorbeiführen, zu (periodischen) Kometen, die regelmäßig wiederkehren.

MAGNETFELD: die Zone um einen Magneten, innerhalb deren der Magnet auf geladene Teilchen oder andere Magneten einwirkt. Viele Planeten wie etwa Jupiter und die Erde erzeugen eigene Magnetfelder und verhalten sich wie Riesenmagneten.

MAGNETOSPHÄRE: das unsichtbare, sich blasenförmig um einen Planeten erstreckende Magnetfeld, das die Grenzen des Wirkungsbereichs des Feldes definiert.

MANTEL: die mittlere Tiefenzone eines Planeten, die den Raum zwischen der Oberflächenkruste und dem Kern eines erdartigen Planeten beziehungsweise zwischen der oberen Atmosphäre und dem festen Kern eines Gasplaneten ausfüllt.

METEOR: eine »Sternschnuppe«; die Leuchterscheinung, die durch einen Kleinkörper aus Stein oder ein wenig Kometenstaub hervorgerufen wird, wenn dieser in die Erdatmosphäre eindringt und durch die Reibungswärme zum Glühen gebracht wird.

METEORIT: ein auf die Erdoberfläche gelangtes Stück eines Meteoroiden.

METEOROID: ein steinerner Kleinkörper oder ein Fragment eines Planeten, das sich durch den Weltraum bewegt.

METHAN: auch »Sumpfgas« genannt, die einfachste Verbindung aus Wasserstoff und Kohlenstoff.

MOND: der natürliche Satellit der Erde und, im weiteren Sinne, jeder Himmelskörper, der einen Planeten oder Asteroiden umläuft.

NEBEL: ein unscharf begrenztes Himmelsobjekt wie etwa eine Scheibe, in der ein Stern entsteht.

OORT'SCHE WOLKE: eine kugelschalenförmige Zone im äußeren Bereich des Sonnensystems, jenseits des Kuiper-Gürtels, benannt nach dem niederländischen Astronomen Jan Oort (1900–1992). Kometen aus der Oort'schen Wolke beschreiben extrem langperiodische Bahnen, und manche von ihnen verlassen das Sonnensystem sogar, wenn sie bei einem einmaligen Sonnenumlauf hinreichend beschleunigt werden.

PERIGÄUM (ERDNÄHE), n.: der Abschnitt der Bahn des Mondes (oder eines künstlichen Satelliten), an dem er der Erde am nächsten kommt und folglich seine höchste Geschwindigkeit erreicht.

PERIHEL (SONNENNÄHE), n.: die größte Annäherung eines Planeten oder eines Kometen (oder eines die Sonne umlaufenden Raumfahrzeugs) an die Sonne und daher auch die Zeit seiner höchsten Bahngeschwindigkeit.

PLANET: ein größerer Himmelskörper – mit einem Durchmesser von im Allgemeinen mindestens 1500 Kilometern –, der einen Stern umläuft.

PLANETESIMAL: ein Materiebrocken, der kleiner ist als ein Planet; durch Vereinigung mehrerer dieser Kleinkörper kann ein Planet oder ein Mond entstehen.

REGOLITH: Trümmergestein und Gesteinsstaub, die die Oberfläche von erdartigen Planeten oder Satelliten überziehen, ähnlich dem Erdreich, aber ohne biologische Komponenten.

ROCHE-ZONE: die Region um einen Planeten, in der Gezeitenkräfte die Zusammenballung von Planetesimalen zu Satelliten verhindern, benannt nach dem französischen Mathematiker Edouard Roche (1820–1883).

SATELLIT: ein natürlicher Satellit ist ein Mond; ein künstlicher Satellit ist ein Raumfahrzeug, das einen Planeten umläuft.

SCHEINBARE HELLIGKEIT: die Helligkeit eines Himmelskörpers, wie sie einem Beobachter auf der Erde erscheint, ausgedrückt als eine Zahl. Je niedriger diese Zahl ist, desto heller leuchtet das Objekt. (Die Sonne ist mit einer scheinbaren Helligkeit von –27 das am hellsten leuchtende Objekt am Erdhimmel; gemessen an der *Leuchtkraft* beziehungsweise der *absoluten* Helligkeit verblasst sie indessen neben größeren Sternen.)

SOLSTITIUM (SONNENWENDE), *n.*: die beiden Tage im Jahr (im Juni und im Dezember), an denen die Sonne ihre größte nördliche beziehungsweise südliche Entfernung vom Äquator erreicht, was zum kürzesten beziehungsweise längsten Tag führt.

SONNENWENDE: *siehe* Solstitium

STERN: eine Gaskugel, die vor allem aus Wasserstoff und Helium besteht und so massiv ist, dass sie in ihrem Kern thermonukleare Fusionsprozesse zündet, und die aufgrund des von ihr emittierten Lichts selbstleuchtend ist.

SYZYGIE: die Anordnung von Himmelskörpern in einer

Linie, wie etwa der Sonne, des Mondes und der Erde bei einer Finsternis oder der Sonne, der Venus und der Erde bei einem Venusdurchgang.

TESSERA (Plur. TESSERAE), *f.*: extrem verformte und von Verwerfungen durchzogene Gebiete; die zweithäufigste Landschaftsform auf der Venus (nach vulkanischen Ebenen). Der Name ist abgeleitet vom lateinischen Wort für »Täfel‐chen«.

TIERKREIS (ZODIAKUS): der Kreis der zwölf Sternbilder, durch die sich die Sonne zu bewegen scheint, während sie – in einem Jahr – von der Erde umlaufen wird. Diese Stern‐bilder entsprechen den Tierkreiszeichen: Widder, Stier, Zwil‐linge, Krebs, Löwe, Jungfrau, Waage, Skorpion, Schütze, Steinbock, Wassermann, Fische.

EINZELHEITEN

KAPITEL 1: MODELLWELTEN (ÜBERBLICK)

Öffentlich zugängliche Modelle des Sonnensystems, die so
groß sind, dass man sie begehen oder befahren kann, gibt es in
Aroostook County, Maine; Boston, Massachusetts; Boulder,
Colorado; Flagstaff, Arizona; Ithaca, New York; Peoria, Illi-
nois; Washington, D. C.; Stockholm, Schweden; York, England; und in den Alpen nahe dem schweizerischen St. Luc.

Die sowjetische Raumsonde *Venera* 4 hat 1967 erstmals
Proben aus der Venusatmosphäre genommen; *Venera* 7 lan-
dete 1970 auf der Venus und *Venera* 8 im Jahr 1972. Im November 1971 wurde die amerikanische Sonde *Mariner* 9 zum
ersten Marsorbiter – dem ersten Raumfahrzeug, das jenseits
des Erde-Mond-Systems einen Planeten umkreiste. Die sowjetische Landungssonde *Mars* 3 traf im folgenden Monat
ein, überstand jedoch nur 20 Sekunden auf der Marsoberfläche.

Michel Mayor und Didier Queloz von der Genfer Sternwarte haben als Erste einen Exoplaneten entdeckt und ihre
Erkenntnisse über 51 Pegasi im Oktober 1995 bekannt gegeben. Zwei Amerikaner – Geoffrey W. Marcy von der University of California in Berkeley und R. Paul Butler, der
heute bei der Carnegie Institution in Washington, D.C.,

arbeitet – bestätigten schon bald die Befunde der Schweizer und spürten ihrerseits weitere Planeten außerhalb unseres Sonnensystems auf.

KAPITEL 2: GENESIS (DIE SONNE)

Das erstaunliche Phänomen des so genannten Wasserstoffbrennens findet nur bei der enormen Hitze und dem gewaltigen Druck statt, die im Innern von Sternen gegeben sind. Unter normalen Umständen, wie sie etwa auf der Erde herrschen, würden zwei Wasserstoffkerne niemals miteinander verschmelzen, weil beide positiv geladen sind und weil die elektromagnetische Wechselwirkung, dank deren sich zwei positiv geladene Teilchen gegenseitig abstoßen, stärker ist als die Gravitation. Im Innern der Sonne hingegen drücken die hohen Temperaturen die Teilchen so fest und so schnell zusammen, dass sie trotz der elektromagnetischen Abstoßung miteinander kollidieren. Und wenn die Teilchen erst einmal so dicht beisammen sind, unterliegen sie einer dritten Kraft – genannt »starke Wechselwirkung«, weil sie die stärkste bekannte Naturkraft ist –, die sie zusammenhält. Die starke Wechselwirkung entfaltet ihre gewaltige Stärke jedoch nur über extrem kurze Entfernungen, die etwa dem Durchmesser eines Atomkerns entsprechen.

In einer einzigen Sekunde wandelt die Sonne in ihrem Kern 700 Millionen Tonnen Wasserstoff in 695 Millionen Tonnen Helium um. Die Differenz von 5 Millionen Tonnen zwischen der Ausgangsmenge und der Ausbeute wird in Lichtenergie umgewandelt. Das ist eine riesige Menge an

Energie, laut der Formel, die Energie (E) als das Äquivalent (=) einer gegebenen Masse, in unserem Fall 5 Millionen Tonnen, multipliziert mit dem Quadrat (^{2}) der Lichtgeschwindigkeit (c) beschreibt. Da die Lichtgeschwindigkeit von vornherein eine sehr große Zahl ist (rund 299 792 Kilometer pro Sekunde), erhält man eine astronomische Zahl, wenn man sie quadriert – sie mit sich selbst multipliziert –, nämlich 89 875 243 264, was die phänomenale Energie verdeutlicht, die sich noch im kleinsten Stück Materie verbirgt.

Helium, das (nach Wasserstoff) zweithäufigste Element in der Sonne und im Universum, steuert etwa 10 Prozent zur Sonnenmasse bei. Alle anderen Elemente, die sich durch Spektralanalyse des Sonnenlichts nachweisen lassen – Kohlenstoff, Stickstoff, Sauerstoff, Neon, Magnesium, Silizium, Schwefel und Eisen –, machen zusammengenommen nur 2 Prozent der Sonnenmasse aus.

In Phasen starker Sonnenaktivität verringern Ansammlungen dunkler Sonnenflecken die Strahlungsleistung der Sonne um einige messbare Zehntel eines Prozents, doch insgesamt bleibt die Sonne eine konstante Quelle gleichmäßiger Lichtemission.

Der Mond kann im Apogäum (dem erdfernsten Punkt) die Sonne nicht vollständig verdecken, so dass eine »ringförmige« Finsternis entsteht, in der die Sonne als ein leuchtender Ring um den Mond erscheint und die Korona mitunter nicht sichtbar ist.

Zwar kann man zum Zeitpunkt der Totalität ohne Bedenken mit bloßem Auge Richtung Sonne blicken, doch muss man in den Phasen der teilweisen Verfinsterung vor und nach der Totalität unbedingt einen Augenschutz tragen.

KAPITEL 3: MYTHOLOGIE (MERKUR)

Prokrustes erlangte traurige Berühmtheit, weil er die Beine seiner hoch gewachsenen Gäste abhackte und die Gliedmaßen seiner kleinwüchsigen Besucher streckte, damit sie in sein Bett passten. So verbindet man seinen Namen von alters her mit gewaltsamer oder willkürlich erzwungener Anpassung an ein starres Schema.

Merkur, der eine elliptische Bahn beschreibt, erreicht seine Spitzengeschwindigkeit von 55 Kilometern pro Sekunde im Perihel, wenn er sich der Sonne bis auf 46,5 Millionen Kilometer nähert, und er bremst bis zum entgegengesetzten Punkt seiner Bahn, dem Aphel, wenn die Entfernung Merkur–Sonne über 69 Millionen Kilometer beträgt, auf 38,4 Kilometer pro Sekunde ab.

Die poetische Bezeichnung »rosenfingrige Morgenröte« für den rötlichen Morgenhimmel wurde von Homer geprägt, der sie erstmals im 1. Gesang seiner *Ilias* (Vers 447) gebrauchte: »Als aufdämmernd nun Eos mit Rosenfingern emporstieg.«

Im Verlauf von hundert Jahren finden etwa 13 Merkurdurchgänge statt. Obgleich der Planet etwa viermal pro Jahr zwischen Erde und Sonne vorüberzieht, führt seine Bahn in der Regel oberhalb oder unterhalb der Sonnenscheibe entlang, so dass kein Durchgang zu sehen ist.

Merkurs Rotationsperiode entspricht genau zwei Dritteln seiner Umlaufzeit, so dass die beiden Zeitintervalle in einem Verhältnis von 2:3 miteinander »verkoppelt« sind. Das bedeutet, dass Merkur sich während zwei Sonnenumläufen dreimal um die eigene Achse dreht. (Die tatsächliche Rotationsgeschwindigkeit wurde mit Hilfe des riesigen Radioteleskops in Arecibo, Puerto Rico, ermittelt, das die Oberfläche Merkurs mit Radar abtastete.) Die meisten anderen über Gezeitenkräfte miteinander wechselwirkenden Himmelskörper im Sonnensystem zeigen eine Resonanz von 1:2 zwischen Bahnumlauf und Rotation. Die bemerkenswerteste Ausnahme ist der Mond, der eine Rotation pro Erdumlauf ausführt, so dass er eine Resonanz von 1:1 aufweist.

KAPITEL 4: SCHÖNHEIT (VENUS)

William Blake schrieb seine Ode an die Venus 1789, lange bevor die Westwinde auf dem Planeten entdeckt wurden. Seine Erwähnung von »dein Westwind« bezieht sich auf die abendliche Brise, die pünktlich mit dem Erscheinen der Venus einsetzt.

Der ehemalige US-Präsident Jimmy Carter meldete, als er noch Gouverneur von Georgia war, die Venus der Polizei. Während des Zweiten Weltkriegs hielt eine Staffel von B-29-Piloten den Planeten für ein japanisches Flugzeug und versuchte, ihn abzuschießen.

Donald W. Olson und Russell Doeschner von der Southwest Texas State University in San Marcos reisten mit ihren besten Astronomie-Studenten im Mai 2000 nach Frankreich und identifizierten das Gebäude, das auf van Goghs Gemälde *Weißes Haus bei Nacht* dargestellt ist, erfolgreich mit Hilfe von Planetariumsprogrammen, die den Himmel über Frankreich im Sommer 1890 rekonstruierten, anhand von Briefen, die van Gogh in seinen letzten Wochen schrieb, und von archivierten Wetterberichten.

Die Dauer eines Sonnentages auf der Venus, gemessen von einem Mittag zum nächsten, beträgt 117 Erdtage, so dass die Tag- und Nachtphasen jeweils 59 Erdtage dauern. Der siderische Tag, also die Zeit, die der Planet für eine Rotation in Bezug auf die Hintergrundsterne braucht, dauert 243 Erdtage – länger als ein Venusjahr (Sonnenumlaufzeit) von 225 Erdtagen. Wie auf der Venus weicht auch auf der Erde die Dauer des Sonnentags von der des siderischen Tags ab; im Fall der Erde ist der Sonnentag etwa vier Minuten länger als der siderische Tag.

Ein vollständiger Venuszyklus – vom Sichtbarwerden als Morgenstern und dem Verschwinden hinter der Sonne bis zum Erscheinen als Abendstern und dem Verschwinden vor der Sonne – dauert 584 Tage. Dieser Zeitraum bildete die Grundlage des Kalenders der Maya. Da die Venus in fünf Erdjahren achtmal die Sonne umläuft und dabei fünfmal zwischen Erde und Sonne durchgeht, gibt es fünf verschiedene, jeweils 584 Tage dauernde Muster der Venussichtbarkeit am Erdhimmel. Die Maya hatten für jedes Muster einen eigenen Namen.

Seit 1919 ist die Internationale Astronomische Union für die Nomenklatur der Planeten zuständig. Zwar können Entdecker Namen für neue Satelliten oder andere Himmelskörper vorschlagen, doch diese Vorschläge müssen von Arbeitsgruppen befürwortet und letztlich von der alle drei Jahre zusammentretenden Generalversammlung der IAU verbindlich verabschiedet werden.

KAPITEL 5 : GEOGRAPHIE (ERDE)

Schon vor Ptolemäus wandten Kartographen die Begriffe der Breite und der Länge auf die Himmelskugel und den Erdglobus an. Nachdem Ptolemäus ein einheitliches Koordinatensystem, ausgedrückt in Graden, eingeführt hatte, dauerte es bis zum späten siebzehnten Jahrhundert, bis man die Länge *bestimmen* konnte, und diese Bestimmung der geographischen Länge blieb für Seefahrer noch weitere hundert Jahre ein Problem.

Ptolemäus *Geographia* ist in Form von Handschriften überliefert, die von Kopisten abgeschrieben wurden. Das älteste noch erhaltene Manuskript datiert vom dreizehnten Jahrhundert.

In seiner 1828 erschienenen *History of the Life and Voyages of Christopher Columbus* popularisierte der amerikanische Autor Washington Irving das romantische Kolumbus-Bild, wonach der Entdecker beweisen wollte, dass die Erde eine Kugel sei. In Schriften wie dem aus dem dreizehnten Jahrhundert stammenden *Liber de Sphaera* von Johannes de Sacrobosco ist jedoch zweifelsfrei dokumentiert, dass man schon im Mittelalter die wahre Form der Erde kannte; auch vervollständigte Martin Behaim seinen Globus Monate, bevor Kolumbus von Spanien aus in See stach. Und schon die Menschen der Antike hätten aus der Tatsache, dass die Sterne bei unterschiedlichen Breiten sichtbar sind, beziehungsweise aus der gekrümmten Form des Erdschattens auf dem Mond bei einer Mondfinsternis auf die Kugelform der Erde schließen können.

Amerigo Vespuccis Analyse der konkurrierenden portu-

giesischen und spanischen Ansprüche auf verbriefte über-
seeische Einflusssphären half ihm, den Kreisumfang der Erde
auf 27 000 Römische Meilen zu schätzen – nur etwa 80 Kilometer unter dem heute allgemein anerkannten Wert.

Die Wasservorräte der Erde machen nur 0,1 Prozent der
Erdmasse aus, während Monde äußerer Planeten wie Ganymed, Kallisto und Titan zu 50 Prozent aus – überwiegend gefrorenem – Wasser bestehen.

KAPITEL 6: MONDSUCHT (DER MOND)

Ein »blauer Mond«, der weithin als zweiter Vollmond in
einem Kalendermonat dargestellt wird, ist richtigerweise
(laut dem *Maine Farmers' Almanac*, in dem der Ausdruck
definiert wurde) der dritte Vollmond in den Jahreszeiten, die
jeweils vier Vollmonde enthalten. Der *Almanac* berechnet
die Jahreszeiten nach dem tropischen Jahr, das am Tag der
Wintersonnenwende oder »Jul« (22. Dezember) beginnt. Ein
echter blauer Mond kann daher nur in den Monaten Februar, Mai, August und November auftreten.

Unter einem Vollmond kann eine schwarzweiße Landschaft die grüne Farbe von Gras enthüllen, weil die menschliche Netzhaut besonders empfindlich für gelbgrüne Wellenlängen ist (die in dem von der Sonne emittierten Licht
dominieren).

Der Jesuit Giovanni Riccioli (1598–1671) führte die noch
heute gebräuchliche Nomenklatur für die Oberflächenstruk-
turen des Mondes ein. Er und andere Selenographen (Mond-
kartographen) benannten die lunaren Bergmassive nach irdi-

schen Gebirgen wie den Alpen, den Apenninen, dem Kaukasus und den Karpaten. Die Krater auf der erdzugewandten Vorderseite des Mondes tragen die Namen großer Naturphilosophen von Platon und Aristoteles bis Tycho (Brahe), Kopernikus, Kepler und Galilei. Die Strukturen auf der Rückseite, die erstmals 1959 von der unbemannten sowjetischen Raumsonde *Luna* 3 fotografiert wurde, tragen russische Eigennamen.

Die Rotationsperiode des Mondes ist gleich seiner Umlaufzeit – 27,3 Tage –, doch wenn der Mond nach einem Erdumlauf wieder seinen Ausgangspunkt bezüglich der Sterne erreicht, hat sich die Erde ebenfalls bewegt. Daher scheint der Mond 29,5 Tage zu brauchen, um ein Mal die Erde zu umrunden und sämtliche Phasen von einem Vollmond zum nächsten zu durchlaufen.

KAPITEL 7: SCIENCE-FICTION (MARS)

Die Meteoritenforscherin Roberta Score vom U.S. Antarctic Program in Denver fand den Marsstein mit der Bezeichnung ALH84001 am 27. Dezember 1984. Seit 1969 haben Wissenschaftler immer wieder Meteoriten in der Antarktis gefunden. Die Analyse von ALH84001 begann im Sommer 1988, und Tests, die seine Herkunft vom Mars bestätigten, wurden im Herbst 1993 abgeschlossen.

Die Hügel nahe des Mawson- und Mackay-Gletschers, auf denen man den Marsstein fand, wurden 1957/58 kartographiert und nach Professor R. S. Allan von der University of Canterbury, Neuseeland, benannt.

Das so genannte Marsgesicht, eine Oberflächenstruktur, die einem menschlichen Gesicht gleicht, war auf den Aufnahmen zu sehen, welche die *Viking*-Sonde 1976 machte. Mehrere Medien ergingen sich in Spekulationen darüber, dass es sich bei dem Gesicht um ein »Kunstwerk« von Außeridischen handeln könnte, bis spätere Aufnahmen des *Mars Global Surveyor* die Illusion zerstörten.

Giovanni Schiaparelli entdeckte die *canali*, wie er die Strukturen nannte, 1877, acht Jahre nach der Fertigstellung des Suezkanals. Schiaparelli, ein gelernter Wasserbauingenieur, hielt die geraden Linien zunächst ebenso wenig für ein künstliches Gebilde wie den Ärmelkanal, doch später änderte er seine Meinung. Als Schiaparellis Sehkraft nachließ, setzte Percival Lowell die Beobachtungen – und Interpretationen – der Kanäle fort.

Johannes Kepler malte sich in seiner Fantasie schon 1610 zwei Marsmonde aus, doch die Monde wurden erst im August 1877 zum ersten Mal gesichtet, als Asaph Hall, der am U.S. Naval Observatory in Washington, D.C., arbeitete, sie so nahe bei dem Planeten erspähte, dass sie fast in dessen grellem Licht verschwanden. Er benannte sie nach zwei Gestalten der griechischen Sagenwelt, Phobos und Deimos, die bei Homer wahlweise die Söhne des Kriegsgottes Ares, dessen Begleiter oder auch die Pferde, die seinen Streitwagen zogen, bezeichnen.

KAPITEL 8: ASTROLOGIE (JUPITER)

Zwei überlieferte Geburtshoroskope für (und vermutlich auch *von*) Galilei sind in Band 19 seiner Gesammelten Werke abgedruckt. Als versierter Astrologe hat er Menschen wohl nicht nach ihrem Sonnenzeichen (Sternzeichen) klassifiziert, wie es erst im zwanzigsten Jahrhundert üblich wurde. Definierende Elemente der Astrologie seiner Zeit waren das *horoscopus* (aufsteigendes Tierkreiszeichen), die Himmelsmitte, das *immum coeli* (Himmelstiefe, polarer Gegenpunkt zur Himmelsmitte) und das absteigende Zeichen am Westhorizont des Diagramms der Planetenkonstellation.

Meine Deutung des Geburtshoroskops von Galilei basiert auf einer Interpretation der Astrologin Elaine Peterson vom 14. August 2003, ergänzt durch Listen im *Complete Astrological Handbook*.

Galileis Zitat über das »Schicksal« ist seinem Werk *Sidereus nuncius* (*Sternenbote*) entnommen, in dem er seine Beobachtungen mit dem Fernrohr beschreibt. Die an Cosimo gerichteten Bemerkungen stammen aus der Widmung desselben Buches. Galileis Bezeichnung der Monde als »Sterne« entspricht dem Sprachgebrauch seiner Zeit, als man den »Stern Jupiter« als einen der wenigen »Wandelsterne« unter den zahlreichen »Fixsternen« der äußersten Himmelskugel betrachtete.

Nachdem Galilei im Januar 1610 vier Jupitermonde entdeckt hatte, wurde der nächste, Amalthea, erst 1892 von Edward Barnard vom Lick Observatory in Kalifornien erspäht. Weitere zwölf Jupitermonde tauchten im zwanzigsten Jahrhundert auf, vier davon wurden von *Voyager 2* aufgespürt. Die Namen dieser und weiterer 43 Satelliten, die in jüngster Zeit von Astronomen der University of Hawaii gesichtet wurden, setzen die Liste der Vertrauten Jupiters fort.

Der Wasserstoff wurde 1766 von Henry Cavendish entdeckt. Metallischer Wasserstoff, der erstmals in den 1930er Jahren vorhergesagt wurde, wurde 1996 am Lawrence Livermore National Laboratory in Kalifornien erzeugt, indem man einen dünnen Film aus flüssigem Wasserstoff einem Druck von zwei Millionen Atmosphären aussetzte.

Die Sumerer im Zweistromland zeichneten bereits um 1800 v. Chr. ihre Sternbeobachtungen auf. Mehrere der ursprünglich von ihnen geprägten Namen für Sternbilder, etwa Löwe und Stier, sind noch heute gebräuchlich. Der abendländische Tierkreis lag in der Mitte des fünften Jahrhunderts vor Christus vollständig vor.

Obgleich der Jupitersatellit Europa als ein weiterer Kandidat für die Existenz von Lebensformen im Sonnensystem gilt, sind sich die Wissenschaftler sicher, dass es auf dem Planeten Jupiter kein Leben gibt. Die Raumsonde *Galileo* fand in seiner Atmosphäre keine komplexen organischen Moleküle.

KAPITEL 9: SPHÄRENMUSIK (SATURN)

Der Saturn der griechischen Mythologie, Kronos genannt, verschlang seine Kinder aus Furcht, sie würden ihn töten, so wie er seinen Vater, Uranos, umgebracht hatte, um die Herrschaft über den Himmel an sich zu reißen. Der Säugling Zeus

(Jupiter), der den Nachstellungen des Vaters entging, stürzte später Kronos.

Die Roche-Grenze gilt für alle Körper, die durch gravitative Wechselwirkung aneinander gebunden sind. Die Raumsonde *Cassini* kann gefahrlos in die Roche-Zone des Saturns eintauchen, weil ihre Bauteile durch Schrauben, Bolzen und ihre in Kristallgittern fest verschränkten Metallmoleküle zusammengehalten werden.

Bahnresonanzen wie etwa das 2:1-Verhältnis zwischen den Ringpartikeln der Cassini-Teilung und dem Mond Mimas wurden erstmals 1866 von Daniel Kirkwood postuliert, einem amerikanischen Astronomen, der mit dem Resonanzbegriff Lücken in der Bahnverteilung im Asteroidengürtel erklärte.

Die so genannten klassischen Saturnringe – A, B und C – erstrecken sich über eine Entfernung von etwa 135 000 Kilometer vom Saturnzentrum, also über eine Scheibe mit einem Durchmesser von etwa 270 000 Kilometern. Diese Ringe kann man durch ein kleines Teleskop beobachten, und sie sind auf den vertrauten Bildern des Saturns dargestellt. Der schmale und verdrehte F-Ring, der sich unmittelbar nach außen an den A-Ring anschließt, liegt 3200 Kilometer jenseits des A-Rings, und seine Kernzone ist nur etwa 50 Kilometer breit. Der äußerste, durchscheinende E-Ring, der etwas mehr als 160 000 Kilometer vom Planetenzentrum beginnt, ist fast 320 000 Kilometer breit, so dass sein Ringdurchmesser von etwa 960 000 Kilometer mehr als das Doppelte der Entfernung Erde-Mond beträgt. Innerhalb des E-Rings verläuft die Bahn des Mondes Enceladus, und er besteht aus Eistrümmern, die der leuchtende Satellit unterwegs abstößt.

Die D- und E-Ringe wurden 1966 beziehungsweise 1970 mit Teleskopen von der Erde aus entdeckt. (E wurde eigentlich zuerst entdeckt, doch Astronomen bezweifelten jahrelang seine Existenz, während D auf Anhieb abgesegnet wurde.) *Pioneer 11* fand 1979 den verdrehten F-Ring und *Voyager I* 1980 den G-Ring.

Die Rotationsperioden der Riesenplaneten wurden ursprünglich anhand der Zeitintervalle zwischen dem Verschwinden und dem Wiederauftauchen markanter Sturmstrukturen abgeschätzt. Heute werden sie anhand der Rotationsgeschwindigkeit der Magnetosphäre jedes Planeten ermittelt, wie sie von *Voyager 2* gemessen wurde. Da das Magnetfeld eines Planeten tief in seinem Innern entsteht, gehen die Wissenschaftler davon aus, dass beide mit der gleichen Geschwindigkeit rotieren.

KAPITEL 10: ENTDECKUNG (URANUS UND NEPTUN)

Das vorangestellte Motto ist einer der Vorlesungen von Maria Mitchell entnommen, die postum von ihrer Schwester Phebe Mitchell Kendall veröffentlicht wurden.

In diesem Kapitel habe ich unterstellt, dass Maria Mitchell der einzigen anderen Frau in der Welt, die einen Kometen entdeckt hatte, Caroline Herschel (1750–1848), ihre Entdeckung von 1847 mitteilte. Beim Abfassen des Antwortschreibens von Herschel habe ich lediglich die Form »fiktionalisiert«, nicht aber die Sachinformationen. Caroline Herschel war die Assistentin ihres Bruders, als dieser den Uranus entdeckte. Zu der Zeit, als Neptun entdeckt wurde, war sie trotz ihrer 96 Jahre noch immer rüstig und geistig interessiert, und der Forschungsreisende Alexander (Baron von) Humboldt unterrichtete sie von der Entdeckung. Ihre Korrespondenz brachte sie in Kontakt mit den bedeutendsten Persönlichkeiten in dieser phänomenalen Epoche der Astronomiegeschichte, und viele von ihnen lernte sie persönlich kennen, unter anderem König Georg III., seine Familie, drei seiner Königlichen Astronomen sowie Giuseppe Piazzi (Entdecker des ersten Asteroiden), Carl Friedrich Gauss und Johann Encke.

Caroline Herschel starb drei Monate nach der Entdeckung des Kometen Mitchell im Herbst 1847. Maria Mitchell arbeitete damals als Bibliothekarin auf Nantucket Island und lebte mit ihrer Familie in einer Wohnung über der Bank, deren Direktor ihr Vater war. William Mitchell, ein bedeutender Amateurastronom, hatte auf dem Dach der Bank eine Sternwarte errichtet, in der er mit seiner Tochter viele Stunden verbrachte. In Anerkennung ihrer Entdeckung erhielt Maria Mitchell eine Goldmedaille vom dänischen König, ein Preisgeld von 100 Dollar von der Smithsonian Institution, und sie wurde außerdem als Ehrenmitglied in die American Academy of Arts & Sciences gewählt. Später wurde sie als erste Professorin für Astronomie ans Vassar College berufen, wo sie mit ihren Studenten zwei Exkursionen zu totalen Sonnenfinsternissen unternahm. Auf ihrer Europareise 1857/58, wo sie im Haus von Sir John und Lady Margaret Herschel gastlich aufgenommen wurde, überreichte man ihr eine Seite aus einem der Notizbücher, in dem »Tante Caroline« Sir Williams Beobachtungen aufgezeichnet hatte.

Die biographischen Fußnoten, die die Lebensdaten von

Astronomen angeben, scheinen Mitchells Behauptung, »Nachtluft« wirke lebensverlängernd, zu bestätigen.

Immer wenn Sir William einen Teleskopspiegel polierte, so teilt uns Caroline Herschel in ihren *Memoiren* mit, »hatte ich meinen Bruder zu pflegen, dem ich die Speisen bissenweise in den Mund geben musste, um ihn am Leben zu erhalten«. Aber solche Aufgaben verdrossen sie nicht: »Sah ich nun, dass Hülfe nöthig war, vielleicht zu einer Messung mit dem Mikrometer u.s.w., dass Feuer angemacht werden sollte, oder dass bei den langen Nachtwachen eine Tasse Kaffee erwünscht war, so that ich mit Vergnügen, was Anderen als eine Last erschienen wäre.« Manchmal waren die erwarteten Handreichungen besonders beschwerlich: »Der Spiegel sollte in einer Lehmform gegossen werden, die aus Pferdedung bereitet wurde und zu welchem eine gewaltige Menge dieses Stoffes in einem Mörser zerstampft und durch ein feines Sieb gestrichen werden musste. Es war eine endlose Arbeit und hielt mich manche Stunde in Bewegung.«

Die ersten fünf Uranusmonde, die entdeckt wurden, sind Sir William Herschels Oberon und Titania, die geringfügig schwächer leuchtenden Ariel und Umbriel, die erstmals 1851 von William Lassell in Liverpool beobachtet wurden, und Miranda, der innerste Uranussatellit und zugleich der hellste und kleinste (er wurde 1948 von Gerard Kuiper entdeckt und von ihm nach der Heldin des Stücks *Der Sturm* benannt).

Sir John Herschel muss ganz allgemein an die Elfen, Kobolde und Sylphen der englischen Literatur gedacht haben, als er die ersten vier Uranusmonde benannte, denn Umbriel (wie die später entdeckte Belinda) entstammt Alexander

Popes *Der Raub der Locke*. Nachdem Kuiper die Miranda beisteuerte, stand bei den folgenden Taufen meist Shakespeare Pate. Fünf Monde, die seit 1997 mit dem Hale-Teleskop in Kalifornien erspäht wurden, ehren Mirandas Vater, Prospero, und die Figuren Caliban, Stephano, Sycorax und Setebos aus dem *Sturm*.

Das Innere der Planeten Uranus und Neptun beschwört das »glühend Eis und schwarzer Schnee« im *Sommernachtstraum* (V, 1) herauf:

Ein kurz langweiliger Akt vom jungen Pyramus
Und Thisbe, seinem Lieb. Spaßhafte Tragödie.
Kurz und langweilig? Spaßhaft und doch tragisch?
Das ist ja glühend Eis und schwarzer Schnee.
Wer findet mir die Eintracht dieser Zwietracht?

Im Anschluss an die Entdeckung weiterer Uranusringe im Jahr 1977 durch James Elliot vom MIT und seine Kollegen an Bord des Kuiper Airborne Observatory erspähte *Voyager 1* im März 1979 Hinweise auf schwach leuchtende Ringe um Jupiter. Ihr Schwesterschiff, *Voyager 2*, bestätigte die Entdeckung drei Monate später.

Die Neptunringe sind nach Adams, Leverrier, Galle, Lassell und François Arago (den führenden französischen Astronom, der Leverrier bedrängte, Uranus zu untersuchen) benannt, Airy dagegen ging leer aus.

Kapitel 11: UFO (Pluto)

Die Bewegung eines Himmelskörpers vor dem Hintergrund der Fixsterne verrät, dass das betreffende Objekt ein »Umherschweifender« ist – ein Planet, ein Komet oder ein Asteroid. Die tagtäglichen Positionsveränderungen, wie sie in Beobachtungsjournalen verzeichnet oder auf einer Sequenz fotografischer Platten festgehalten sind, beruhen auf einer parallaktischen Verschiebung, die durch die Erdbewegung hervorgerufen wird. Tombaugh studierte seine fotografischen Platten mit einem Blinkkomparator – einem Gerät, in dem vergrößerte Aufnahmen derselben Himmelsregion, die zu verschiedenen Zeitpunkten aufgenommen wurden, in schneller Folge abwechselnd betrachtet werden.

Das Lowell-Observatorium hielt die Mitteilung über die Entdeckung des Planeten X bis zum 13. März 1930 zurück, damit sie mit Percival Lowells 75. Geburtstag (den er nicht mehr erlebte) und dem 149. Jahrestag der Entdeckung des Uranus zusammenfiel. Lowells Witwe, die frühere Constance Savage Keith, wählte für den neuen Planeten zunächst den Namen »Zeus« aus, doch dann gefiel ihr plötzlich »Percival« besser, bevor sie schließlich »Constance« am überzeugendsten fand. Doch die Mitarbeiter des Observatoriums zogen den Namen vor, den die elfjährige Venetia Burney aus dem englischen Oxford vorgeschlagen und ihnen per Kabel übermittelt hatte. »Pluto« passte nicht nur in das mythologische Schema der Planetennamen (und hatte schon vor Eintreffen des Kabels zu den »Top-Drei« bei den Mitarbeitern gehört), sondern erinnerte auch an die Initialen des Gründers des Observatoriums, »P. L.«.

Setzt man die Entfernung Erde–Sonne gleich einer Astronomischen Einheit (AE), so ist Jupiter 5 AE und Neptun 30 AE von der Sonne entfernt, während Pluto und über hundert weitere Mitglieder des Kuiper-Gürtels ihre Bahnen in einer Entfernung zwischen 30 und 50 AE von der Sonne ziehen. Aufgrund der Neigung der Plutobahn um 17 Grad wird der Planet abwechselnd 8 AE über die Ebene des Sonnensystems hinaus und 13 AE darunter geführt. Dabei beträgt die Entfernung zwischen Pluto und Neptun aufgrund der konstanten Resonanz ihrer Umlaufzeiten immer mindestens 17 AE.

James W. Christy und Robert S. Harrington vom U.S. Naval Observatory in Washington, D.C., schlossen aus Aufnahmen von Pluto, die in Flagstaff, Arizona, unweit des Mars-Hügels, gemacht wurden, auf die Existenz von Charon. Christy benannte den Mond nach seiner Frau, Char (kurz für Charlene), und auch nach dem Fährmann Charon, der die Seelen der Verstorbenen über den Acheron in Plutos Totenreich übersetzt.

David Jewitt (Institute of Astronomy, Hawaii) und Jane Luu (Universität Leiden) entdeckten bei ihrer gemeinsamen Tätigkeit am Teleskop der Universität von Hawaii auf dem Mauna Kea das erste Kuiper-Objekt, das sie nach dem Meisterspion in den Romanen von John LeCarré »Smiley« nannten. Sein offizieller Name lautet allerdings noch immer 1992 QB1. Quaoar, Varuna und Ixion wurden alle am Mount-Palomar-Observatorium in Kalifornien von einem Team entdeckt, dem Mike Brown (Caltech), Chad Trujillo (Gemini Observatory) und David Rabinowitz (Yale) angehörten, die die Namen ihrer Kuiper-Objekte entsprechend den

Richtlinien der IAU aus dem weltweiten Katalog der Unter-welt-Gottheiten auswählten.

Gerard Kuiper leitete die Existenz des heute nach ihm benannten »Kuiper-Gürtels« aus den Bewegungen kurzperiodischer Kometen wie des Halley'schen und des Encke'schen Kometen ab. Die Berechnungen der Bahnen dieser Körper deuteten darauf hin, dass ihr Ursprung in der Region des Kuiper-Gürtels lag und dass sie dorthin zurückkehrten, wenn sie nicht mehr zu sehen waren. Im Jahr 1950, demselben Jahr, in dem Kuiper diese Hypothese publizierte, ließ sich der niederländische Astronom Jan Oort von einer ähnlichen Überlegung leiten, als er eine weitere Anhäufung von Kometen in der noch größeren Entfernung von 50 000 AE vorhersagte. Während der Kuiper-Gürtel torusförmig (wie ein Wurstring) ist, bildet die »Oort'sche (Kometen-) Wolke« eine Kugelschale. Die Bahnen kurzperiodischer Kometen aus dem Kuiper-Gürtel weisen nur selten eine Neigung von über 20 Grad gegen die Ekliptikebene auf. Langperiodische Kometen aus der Oort'schen Wolke hingegen können Bahnen mit beliebigem Neigungswinkel beschreiben, sogar solche, die senkrecht auf der Ekliptik stehen.

Zu Lowells Zeiten leistete sich das Observatorium auf dem Mars-Hügel eine lebende Kuh namens Venus. Nach der Entdeckung des neunten Planeten eignete sich Walt Disney den Namen Pluto für den Cartoon-Hund an, den er 1936 präsentierte. Clyde Tombaugh wählte verständlicherweise den gleichen Namen für seine Katze.

QUELLENNACHWEIS

(Vollständige bibliographische Angaben finden sich
im nachfolgenden Literaturverzeichnis)

Das Zitat aus Ptolemäus' *Almagest* auf S. 38 findet sich in der deutschen Ausgabe, Bd. 1, S. 1.

Das Einstein-Zitat auf S. 46 findet sich in Carl Seelig, *Albert Einstein*, S. 189.

Die Übersetzung des Blake-Gedichts auf S. 54 f. stammt aus William Blake, *Gedichte*, Frankfurt a. M. 1958, S. 7. Alle anderen in Kapitel 4 zitierten Gedichte sind von Thorsten Schmidt übersetzt.

Die Kolumbus-Zitate in Kapitel 5 stammen aus Robert Fuson, *Das Logbuch des Christoph Kolumbus*. Das Magellan-Zitat auf S. 82 f. findet sich in Antonio Pigafetta, *Mit Magellan um die Erde*, S. 108. Die Cook-Zitate finden sich in James Cook, *Entdeckungsfahrten im Pacific*, S. 62 u. 318. Die Darwin-Zitate stammen aus seinem Buch *Reise eines Naturforschers um die Welt*.

Die Galilei-Zitate am Anfang von Kapitel 8 sind seinem *Sidereus Nuncius*, S. 80 f. und S. 111 entnommen.

Das Kepler-Zitat auf S. 157 f. stammt aus seinem *Harmonice Mundi*.

Das Zitat Caroline Herschels auf S. 250 findet sich auszugsweise in *Caroline Herschels Memoiren und Briefwechsel*, S. 47 u. 53 f.

LITERATURVERZEICHNIS

Aufgelistet sind die Quellen wissenschaftlichen, historischen und literarischen Hintergrunds. Aktuelle Informationen zu den Planeten finden sich in Berichten wissenschaftlicher Zeitschriften sowie auf den einschlägigen Internet-Seiten. Dazu zählen insbesondere die Seiten der *NASA* (www.nasa.gov), der *Planetary Society* (www.planetary. org) und des *United States Geological Survey* (http://planetarynames. wr.usgs.gov/).

ABRAMS, M. H./E. TALBOT DONALDSON u. a. (Hg.): *The Norton Anthology of English Literature*, 2 Bde., New York 1962.

ACKERMAN, Diane: *The Planets: A Cosmic Pastoral*, New York 1976.

ALBERS, Henry (Hg.): *Maria Mitchell. A Life in Journals and Letters*, New York 2001.

ANDREWES, William J. H. (Hg.): *The Quest for Longitude*, Cambridge, Mass., 1996.

ASIMOV, Isaac: *Biographische Enzyklopädie der Naturwissenschaften und Technik. 1151 Biographien*, Freiburg 1984.

AVENI, Anthony: *Dialog mit den Sternen*, Stuttgart 1998.

BARNETT, Lincoln: *Einstein und das Universum*, Frankfurt/M. 1956.

BEATTY, J. Kelly/Carolyn COLLINS PETERSEN/Andrew CHAIKIN (Hg.): *Die Sonne und ihre Planeten. Weltraumforschung in einer neuen Dimension*, Weinheim 1988.

BECK, Emily Morison (Hg.): *Bartlett's Familiar Quotations*, Boston 1968.

BENNETT, Jeffrey/Megan DONAHUE/Nicholas SCHNEIDER/Mark Voit: *The Cosmic Perspective*, San Francisco 2004.

BENSON, Michael: *Jenseits des blauen Planeten*, München 2004.

BOYCE, Joseph M.: *The Smithsonian Book of Mars*, Washington/London 2002.

BRADBURY, Ray: *Die Mars-Chroniken*, München 1997.

BREUTON, Diana: *Der Mond*, München 1997.

BRIAN, Denis: *Einstein – Sein Leben*, Weinheim 2005.

BURROUGHS, Edgar Rice: *Die Götter des Mars*, Leipzig 1996.

CAIDIN, Martin/Jay BARBREE/Susan WRIGHT: *Destination Mars. In Art, Myth, and Science*, New York 1997.

CALASSO, Roberto: *Die Hochzeit von Kadmos und Harmonia*, Frankfurt/M. 1999.

CASHFORD, Jules: *Im Bann des Mondes. Mythen, Sagen und Legenden*, Köln 2003.

CASPAR, Max: *Johannes Kepler*, 4. Aufl., Stuttgart 1995.

CHAIKIN, Andrew: *A Man on the Moon*, New York 1994.

CHAPMAN, Clark R.: *Planets of Rock and Ice*, New York 1982.

CHERRINGTON, Ernest H. jr.: *Exploring the Moon through Binoculars*, New York 1969.

CLARK, Ronald W.: *Albert Einstein. Leben und Werk*, München 1994.

COOK, James: *Entdeckungsfahrten im Pacific. Die Logbücher der Reisen von 1768 bis 1779*, Stuttgart/Wien 1983.

COOPER, Henry S. F.: *The Evening Star. Venus Observed*, New York 1993.

DARWIN, Charles: *Reise eines Naturforschers um die Welt. Tagebuch auf der Reise mit dem »Beagle«*, Leipzig 1909.

DOEL, Ronald E.: *Solar System Astronomy in America. Communities, Patronage, and Interdisciplinary Science, 1920–1960*, Cambridge, England, 1996.

ELLIOTT, James/Richard KERR: *Rings: Discoveries from Galileo to Voyager*, Cambridge, Mass., 1984.

FINLEY, Robert: *The Accidental Indies*, Montreal 2000.

FUSON, Robert H. (Hg.): *Das Logbuch des Christoph Kolumbus*, Bergisch Gladbach 1989.

GALILEI, Galileo: *Sidereus Nuncius (Nachricht von neuen Sternen)*, Frankfurt/M. 2002.

DERS.: *Unterredungen und mathematische Demonstrationen über zwei neue Wissenszweige, die Mechanik und die Fallgesetze betreffend. Erster und Zweiter Tag*, Leipzig 1890.

GINGERICH, Owen: *The Eye of Heaven. Ptolemy, Copernicus, Kepler*, New York 1993.

DERS.: *The Great Copernicus Chase and Other Adventures in Astronomical History*, Cambridge, Mass., 1992.

GOLUB, Leon/Jay M. PASACHOFF: *Nearest Star. The Surprising Science of our Sun*, Cambridge, Mass., 2001.

GRINSPOON, David Harry: *Venus Revealed*, Reading, Mass., 1996.

GROSSER, Morton: *Entdeckung des Planeten Neptun*, Frankfurt/M. 1982.

HAMILTON, Edith: *Das große Buch der klassischen Mythen*, München 2005.

HANBURY-TENISON, Robin: *The Oxford Book of Exploration*, Oxford 1993.

HANLON, Michael: *The Worlds of Galileo. The Inside Story of NASA's Mission to Jupiter*, New York 2001.

HARLAND, David M.: *Jupiter Odyssey. The Story of NASA's Galileo Mission*, Chichester 2000.

HARTMANN, William K.: *A Traveler's Guide to Mars*, New York 2003.

HEATH, Robin: *Sun, Moon and Earth*, New York 1999.

HERBERT, Frank: *Dune, der Wüstenplanet*, München 2002.

HERSCHEL, M. C.: *Caroline Herschels Memoiren und Briefwechsel*, Berlin 1877.

HOLST, Gustav: *The Planets in Full Score*. Mineola/New York, 1996.

HOLST, Imogen: *Gustav Holst: A Biography*, London 1969.

DIES.: *The Music of Gustav Holst*, London 1951.

HOWELL, Alice O.: *Jungian Symbolism in Astrology*, Wheaton, Ill., 1987.

ISACOFF, Stuart: *Temperament. How Music Became a Battleground for the Great Minds of Western Civilization*, New York 2001.

JOHNSON, Donald S.: *Phantom Islands of the Atlantic. The Legends of Seven Lands That Never Were*, New York 1996.

JONES, Marc Edmund: *Astrology. How and Why It Works*, Baltimore 1971.

KEATS, John: *Complete Poetry of John Keats*, New York 1951.

KLINE, Naomi Reed: *Maps of Medieval Thought*, Woodbridge 2001.

KLUGER, Jeffrey: *Weiter als Menschen fliegen können*, Frankfurt/M. 2002.

KOPERNIKUS, Nikolaus: *Über die Umdrehung der Himmelskörper [De Revolutionibus Orbium Coelestium]. Aus seinen Schriften und Briefen*, Posen 1923.

KRUPP, E. C.: *Beyond the Blue Horizon*, New York 1991.

LACHIÈZE-REY, Marc/Jean-Pierre LUMINET: *Figures du ciel. De l'harmonie des sphères à la conquête spatiale – Exposition Bibliothèque Nationale de France 1998–1999*, Paris 1998.

LATHEM, Edward Connery (Hg.): *The Poetry of Robert Frost*, New York 1979.

LEVY, David H.: *Clyde Tombaugh. Discoverer of Planet Pluto*, Tucson, Arizona, 1991.

DERS.: *Comets: Creators and Destroyers*, New York 1998.

LEWIS, C. S.: *Poems*, New York 1964.

LIGHT, Michael: *Full Moon, Aufbruch zum Mond*, München 2002.

LOWELL, Percival: *Mars*, London 1896.

MAILER, Norman: *Auf dem Mond ein Feuer. Report und Reflexion*, München 1982.

MAOR, Eli: *June 8, 2004. Venus in Transit*, Princeton 2000.

MILLER, Anistatia R./Jared M. BROWN: *Die Jahrtausendenzyklopädie der Astrologie*, München 1999.

MINER, Ellis D./Randii R. WESSEN: *Neptune. The planet, rings and satellites*, Chichester 2001.

MORTON, Oliver: *Mapping Mars*, London 2002.

OBREGÓN, Mauricio: *Beyond the Edge of the Sea*, New York 2001.

OTTEWELL, Guy: *The Thousand-Yard Model* or *The Earth as a Peppercorn*, Greenville 1989.

PANEK, Richard: *Das Auge Gottes. Das Teleskop und die lange Entdeckung der Unendlichkeit*, München 2004.

PEEBLES, Curtis: *Asteroids: A History*, Washington, D. C., 2000.

PIGAFETTA, Antonio: *Mit Magellan um die Erde. Ein Augenzeugenbericht der ersten Weltumsegelung 1519–1522*, Stuttgart/Wien 2001.

PRICE, A. Grenfell (Hg.): *James Cook: Entdeckungsfahrten im Pazifik. Die Logbücher der Reisen von 1768 bis 1779*, Lenningen 2005.

PROCTOR, Mary: *Romance of the Planets*, New York 1929.

PTOLEMÄUS, Claudius: *Handbuch der Astronomie [Almagestum]*, Bd. 1, deutsche Übers. u. erl. Anm. v. Karl Manitiusm, Leipzig 1963.

DERS.: *Geographia. Des Klaudios Ptolemaios Einführung in die darstellende Erdkunde*, Wien o. J.

PUTNAM, William Lowell: *The Explorers of Mars Hill*, West Kennebunk, Me., 1994.

RUDHYAR, Dane: *Die Planeten der Persönlichkeit*, Tübingen 2005.

SAGAN, Carl: *Blauer Punkt im All. Unser Heimat-Universum*, Augsburg 2000.

SCHAAF, Fred: *The Starry Room. Naked Eye Astronomy in the Intimate Universe*, New York 1988.

SCHWAB, Gustav: *Die schönsten Sagen des klassischen Altertums*, Rastatt 2005.

SEELIG, Carl: *Albert Einstein. Eine dokumentarische Biographie*, Zürich/Wien/Stuttgart 1954.

SHEEHAN, William: *Planets & Perception*, Tucson 1988.

DERS.: *Worlds in the Sky: Planetary Discovery from Earliest Times through Voyager and Magellan*, Tucson 1992.

SHEEHAN, William; Thomas A. DOBBINS: *Epic Moon*, Richmond, Va., 2001.

STANDAGE, Tom: *Die Akte Neptun*, Berlin 2004.

STERN, S. Alan: *Our Worlds*, Cambridge, England, 1999.

DERS.: *Worlds Beyond*, Cambridge, England, 2002.

STERN, S./Jacqueline MITTON: *Pluto and Charon. Ice Worlds on the Ragged Edge of the Solar System*, New York 1999.

STRAUSS, David: *Percival Lowell. The Culture and Science of a Boston Brahmin*, Cambridge, Mass., 2001.

STROM, Robert G.: *Mercury. The Elusive Planet*, Washington/London 1987.

THOMAS, Davis (Hg.): *Moon. Man's Greatest Adventure*, New York 1970.

THROWER, Norman J. W. (Hg.): *The Three Voyages of Edmond Halley in the* Paramore *1698–1701*, London 1981.

TOMBAUGH, Clyde W./Patrick MOORE: *Out of the Darkness. The Planet Pluto*, Harrisburg, Pa., 1980.

TYSON, Neil de Grasse/Charles LIU/Robert IRION (Hg.): *One Universe*, Washington, D.C., 2000.

VAN HELDEN, Albert: *Measuring the Universe*, Chicago 1985.

WALKER, Christopher (Hg.): *Astronomy Before the Telescope*, London 1996.

WEISSMAN, Paul R./Lucy-Ann McFADDEN/Torrence V. JOHNSON (Hg.): *Encyclopedia of the Solar System*, San Diego 1999.

WELLS, H. G.: *Der Krieg der Welten*, Zürich 1974.

WHITAKER, Ewen A.: *Mapping and Naming the Moon*, Cambridge, England, 1999.

WHITFIELD, Peter: *Astrology. A History*, New York 2001.

WILFORD, John Noble: *Mars – Unser geheimnisvoller Nachbar. Vom antiken Mythos zur bemannten Mission*, Basel/Boston/Berlin 1992.

WILLIAMS, J. E. D.: *From Sails to Satellites. The Origin and Development of Navigational Science*, Oxford 1992.

WOLTER, John A./Ronald E. GRIM (Hg.): *Images of the World. The Atlas Through History*, Washington, D.C., 1997.

WOOD, Charles A.: *The Modern Moon: A Personal View*, Cambridge, Mass., 2003.

ZUBRIN, Robert/Richard WAGNER: *Unternehmen Mars. Der Plan, den roten Planeten zu besuchen*, München 2003.

REGISTER

Ackerman, Diane 7, 66
Adams, John Couch 183 Fn.,
    184, 186–189, 189 Fn., 204,
    251
Äquinoktium 227
Airy, George Biddel 184 Fn.,
    186 f., 251
Alexander der Große 75
Allan, R. S. 243
Allan Hills 84001 117
Almagest (Ptolemäus) 38, 73
Antoniadi, Eugène 48 f.
Apogäum 37, 227, 237
Apollo 17, 97, 99, 101, 107 Fn.,
    113 f.
Arago, François 251
Areograph 129, 227
Aristoteles 38, 243
Armstrong, Louis 159
Asteroid 24, 27, 118, 121, 208,
    215, 227, 230 f., 249, 252
Asteroidengürtel 24, 120, 247
Astrologie 135–154, 156, 245
    siehe auch Sternzeichen
Aszendent 135 f., 153

Bach, Johann Sebastian 159
Balboa, Vasco Núñez de 82
Barnard, Edward 245
Beethoven, Ludwig van 155,
    159
Behaim, Martin 241
Berry, Chuck 159
binärer Planet 211, 213
Blake, William 55, 239
Bode, Johann Elert 178 ff.,
    178 Fn.
Bradbury, Ray 133 Fn.
Brahe, Tycho 42
Brown, Mike 253
Burney, Venetia 252
Burroughs, Edgar Rice 118 Fn.,
    130
Butler, R. Paul 235

Carter, Jimmy 239
Cassini 166, 217, 219–222,
    221 Fn., 247
Cassini, Jean Dominique 162,
    220
Cavendish, Henry 246
Ceres 208

Christy, James Walter 253
Clarke, Arthur Charles 132 Fn.
Cook, James 89–92

Darwin, Charles 92, 94
De Revolutionibus (Kopernikus)
41, 83
Die Planeten. Suite für Orchester
(Holst) 155, 159 f.
Diorama 13 f., 17
Disney, Walt 254
Doeschner, Russell 239
Drehimpuls 65, 227
Duricrust 228

Einstein, Albert 46 f.
Eisriesen 194, 197, 209
Eiszwerge *siehe* Kuiper-Objekte
Ekliptik 162, 228, 254
Elliot, James 251
Elongation 41, 47, 228
Encke, Johann Franz 173,
173 Fn.
Entweichgeschwindigkeit 119,
228
Ephemeride 37, 179, 228
Eratosthenes 75
Erdatmosphäre 15, 49, 97, 102,
197 f., 220, 230
Erde 11–14, 14 Fn., 15 Fn., 16 f.,
19, 21, 24 ff., 28, 29 Fn., 32 f.,
38–41, 43, 49, 51, 55 f., 59,
61 f., 64, 67 f., 73–98, 102 ff.,
106–114, 117–120, 122,

124 ff., 128–132, 138, 140 f.,
143 f., 152 ff., 156, 160 f, 165,
171, 193 ff., 197 f., 203, 206,
209–212, 215, 220 f., 227–233,
235 f., 238, 240–243, 247 f.,
253
Erstarrungsgestein 121, 228
Exoplanet 18 f., 235
Extremophile 126, 229
Exzentrizität 37, 229

FitzRoy, Robert 92
Flammarion, Camille 46
Flamsteed, John 180, 180 Fn.
Flares 31
Frank, Herbert 118 Fn.
Frost, Robert 58

Galaxie 27, 98, 215, 229
Galilei, Galileo 57, 135 ff.,
138 Fn., 139 f., 145, 150,
161 f., 162 Fn., 166, 243,
245
Galileische Satelliten 136 ff.,
149, 150 Fn.
Galileo 147–154, 246
Galle, Johann Gottfried 185 ff.,
185 Fn, 204, 251
Gasriese 24, 140, 161, 194, 212
Gassendi, Pierre 43, 43 Fn.
Gauss, Carl Friedrich 249
Geographia. (Ptolemäus) 74, 76,
241
Georg III. 177, 249

Gilbert, William 85
Glasstone, Samuel 128 Fn.
Green, Charles 90

Hale-Teleskop 251
Hall, Asaph 244
Halley, Edmond 86 ff., 91
Halley'scher Komet 185,
185 Fn., 254
Harmonice Mundi (Kepler) 158
Harrington, Robert S. 253
Haydn, Joseph 155
Heinlein, Robert Anson 132 Fn.
Heliopause 32
Helligkeit
– absolute 229
– scheinbare 55 f., 56 Fn., 229,
232
Herschel, Caroline 171, 172 Fn.,
175 Fn., 190 f., 199, 248 ff.
Herschel, Sir John 171, 172 Fn.,
181, 187, 220, 249 f.
Herschel, Sir William 171,
172 Fn., 174–183, 174 Fn.,
176 Fn., 188, 190, 192, 197,
220, 250
Hindemith, Paul 158 Fn.
Holmes, Oliver Wendell 62,
62 Fn.
Holst, Gustav 155 f., 159 f., 169
Homer 238
Hubble-Weltraumteleskop 49,
197, 206
Humboldt, Alexander von 249

Huygens 220 ff.
Huygens, Christiaan 162 f.,
162 Fn., 218, 220

Ingersoll, Andy 217 f.
Irving, Washington 241

Jewitt, David 253
Jupiter 13, 15, 17, 19, 24, 28, 36,
38 Fn., 135–156, 159 ff., 168,
182, 194, 196, 199, 204, 208,
214, 218, 227 f., 230, 245 ff.,
251, 253
– Amalthea 245
– Europa 150 f., 154, 246
– Ganymed 150 f., 242
– Io 150 ff.
– Kallisto 150 f., 242

Kartusche 84, 86, 229
Kataklysma 25
Kepler, Johannes 42 f., 87 Fn.,
150 Fn., 157 f., 158 Fn., 164,
243 f.
Kirkwood, Daniel 247
Klaproth, Martin Heinrich 179,
179 Fn.
Kolumbus, Christoph 78–81,
85, 241
Koma 175, 175 Fn., 229
Komet 27 ff., 29 Fn., 41, 107,
146 f., 172–178, 173 Fn., 175
Fn., 182 f., 185, 185 Fn., 212,
228–231, 248 f., 252, 254

Kopernikus, Nikolaus 39, 41 f.,
83, 138, 157, 243
Korona 33, 230, 237
Kuiper, Gerard 196, 196 Fn.,
209 f., 230, 250 f., 254
Kuiper Airborne Observatory
251
Kuiper-Gürtel 210, 213 ff.,
230 f., 253
Kuiper-Objekte (Eiszwerge)
209 f., 213 f., 253
- Ixion 210, 253
- Quaoar 210, 253
- Varuna 210, 253

Lassell, William 189 Fn., 196,
250 f.
Lebreton, Jean-Pierre 220
LeCarré, John 253
Leverrier, Urbain Jean Joseph
45 f., 183 Fn., 184–189,
189 Fn., 204, 251
Lewis, Clive Staples 60
Liber de Sphaera (Sacrobosco)
241
Lomonossow, Michail 61
Lowell, Percival 127 Fn.,
202–205, 207, 244
Luna 3 243
Luu, Jane 253

Magellan 67 ff., 71
Magellan, Ferdinand 67 Fn., 82
Magma 95, 108, 228

Magnetfeld 31, 97, 131, 133,
144, 151, 167 f., 194, 230, 248
Magnetosphäre 151 f., 230, 248
Mantel 96, 230
Mappa Mundi 77 f., 80
Marcy, Geoffrey W. 235
Mariner 9 129, 235
Mariner 10 49 f.
Marius, Simon 150 Fn.
Mars 13, 15, 17, 19, 24, 36,
38 Fn., 55, 83, 135, 149, 153,
159, 195, 203 ff., 207 f., 218,
227 f., 235, 243 f.
- Deimos 127, 244
- Phobos 127, 244
Mars 3 235
Mars Global Surveyor 244
Maskelyne, Neville 175,
175 Fn., 177
Maxwell, James Clerk 68 f.,
163 f.
Mayor, Michel 235
Mediceische Sterne *siehe*
Galileische Satelliten
Medici, Cosimo de' 136
Merkur 11 ff., 19, 24, 26 f.,
35–51, 122, 135, 143, 149,
151, 153, 157 ff., 164, 207,
212, 220, 227 f., 238 f.
Merkurdurchgang 42 ff., 238
MESSENGER 50 f.
Meteorit 15 f., 115, 119 f., 131,
169, 230, 243
Meteoroid 71, 119, 125, 230 f.

Methan 133, 143, 146, 193 f.,
212, 220, 222, 231
Milchstraße 18, 23, 27, 98, 215,
226, 229
Mitchell, Maria 67, 172, 248 f.
Mitchell, William 249
Mond 14 f., 17, 21, 25, 28, 32 f.,
38 Fn., 41, 55 f., 74 f., 91, 97,
99–115, 120 ff., 136, 138, 143,
160, 227 ff., 231, 233, 237,
239, 241 ff., 247
Mondfinsternis 74 f., 102, 229,
241
Mozart, Wolfgang Amadeus
155, 159

Nebel 23 f., 175 Fn., 231
Neptun 13, 17, 25, 27 f., 45, 145,
153, 156, 159, 168, 171–199,
204–207, 209–212, 214, 229,
248, 251, 253
– Despina 196
– Galatea 196
– Larissa 196
– Naiad 196
– Nereide 196, 199
– Proteus 196
– Thalassa 196
– Triton 189 Fn., 196, 199
Newton, Isaac 45 f., 85, 139,
182, 186

Olsen, Donald W. 239
Oort, Jan 231, 254

Oort'sche Wolke 231, 254
Ottewell, Guy 14 Fn.
Ovid 43 Fn.

Penumbren 30
Perigäum 37, 110, 231
Perihel 45 f., 210 Fn., 231, 238
Peters, Christian 46
Peterson, Elaine 245
Photosphäre 30 f.
Piazzi, Giuseppe 249
Pigafetta, Antonio 83
Pioneer 10 17
Pioneer 11 248
Planetesimal 24 f., 214, 231 f.
Planetoid *siehe* Asteroid
Platon 38, 157, 243
Plinius der Ältere 59
Pluto 11, 13, 17 f., 25, 27 ff., 32,
40, 156, 196, 198 f., 198 Fn.,
201–216, 220, 252 ff.
– Charon 207, 211 ff., 253
Pope, Alexander 251
Poseidonios 76
Principia Mathematica (Newton)
45
Ptolemäus, Claudius 38, 44,
73–78, 98, 241
Pythagoras 156 f., 166

Queloz, Didier 235

Rabinowitz, David 253
Regolith 232

267

Riccioli, Giovanni 242
Robinson, Kim Stanley 132 Fn.
Roche, Edouard 165, 232
Roche-Zone 165, 232, 247

Sacrobosco, Johannes de 241
Sagan, Carl 7
Satelliten, künstliche 31, 69, 97, 129, 193, 197, 227, 231 f.
Saturn 13 f., 17, 25, 36, 38 Fn., 135, 139, 144, 149, 153–169, 177, 181 f., 192, 194 f., 199, 214, 217 f., 220 ff., 228, 246 f.
- Dione 222
- Enceladus 222, 247
- Iapetus 222
- Mimas 167, 222, 247
- Mundilfari 221 Fn.
- Pan 221 Fn.
- Rhea 222
- Tethys 222
- Titan 209, 220 ff., 242
- Ymir 221 Fn.
Savage Keith, Constance 252
Schiaparelli, Giovanni 47 ff., 244
Schwerkraft 15, 120
Score, Roberta 243
Sedna 215
Shakespeare, William 181 f., 193 f., 251
Shoemaker-Levy 9 146
Sidereus Nuncius (Galilei) 135 ff., 245

siderischer Tag 240
Solander, Daniel Charles 90
Solstitium *siehe* Sonnenwende
Sonne 12–16, 15 Fn., 18, 21–33, 36, 38 Fn., 39–42, 51, 54 f., 56 Fn., 59, 61–65, 73 f., 80, 83, 87–90, 101, 103 f., 106, 109, 112, 126, 131, 138, 138 Fn., 140, 142 ff., 146, 148, 153, 156, 159, 161, 164, 169, 173 f., 177, 181 f., 189, 195, 209–215, 227–233, 236 ff., 240, 242, 253
Sonnenfinsternis 32 f., 38, 46, 87, 229, 249
Sonnensystem 7, 11, 13 f., 15 Fn., 16 ff., 20, 23–29, 31, 40, 45, 50, 70, 87, 98, 107 ff., 114 f., 121 f., 125, 140, 144, 148, 150, 155, 158 f., 169, 177, 199, 207, 209 f., 214 f., 222, 226, 229, 231, 235 f., 239, 246, 253
Sonnenwende 75, 232, 242
Sonnenwind 31 f., 101
Sputnik 16
Sternzeichen 76, 130, 135, 138 ff., 138 Fn., 145, 180, 205, 233, 245 f.
Strawinsky, Igor 159
Systema Saturnium (Huygens) 162 f.
Syzygie 110, 232

Tennyson, Alfred Lord 53
Terminator 104

Tessera 70, 233
Thales von Milet 38
Tombaugh, Clyde William
198 Fn., 204 f., 254
Trabant 108, 111, 127, 136, 138,
140, 150, 167, 196, 207, 220,
221 Fn.
Trujillo, Chad 253

*Unterredung und mathematische
Demonstration über zwei neue
Wissenszweige, die Mechanik
und die Fallgesetze betreffend*
(Galilei) 166
Uranus 13, 17, 25, 27 f., 153,
156, 159, 168, 171–199, 203,
206 f., 209, 211, 214, 246, 248,
250 ff.
– Ariel 250
– Caliban 251
– Cordelia 193
– Desdemona 193
– Julia 193
– Miranda 250 f.
– Oberon 181, 193, 250
– Ophelia 193
– Prospero 251
– Setebos 251
– Stephano 251

– Sycorax 251
– Titania 181, 193, 250
– Umbriel 250
Uranusdurchgang 191
Urknall 22, 98

van Gogh, Vincent 60, 239
Vega 61
Venera 4 61, 235
Venera 7 61, 235
Venera 8 61, 235
Venus 12 f., 17, 24, 26, 28,
38 Fn., 40, 53–71, 83, 87–90,
97, 122, 135, 159 ff., 212, 218,
228 ff., 233, 235, 239 f., 254
Venusdurchgang 62 Fn., 67,
87 ff., 97, 97 Fn., 233
Vespucci, Amerigo 82, 241
Vesta 121
Viking 129, 244
Vox, Harold 160
Voyager 1 158, 248, 251
Voyager 2 158, 192, 196, 198,
207, 245, 248, 251

Wegener, Alfred 95
Wells, H. G. 130, 131 Fn.
Willamette-Meteorit 15
Wordsworth, William 56

Dava Sobel und William J. H. Andrews

Längengrad
Die Illustrierte Ausgabe

Deutsch von Matthias Fienbork und Dirk Muelder

Mit ihrer spannenden Geschichte des schottischen Uhrmachers John Harrison, der über vierzig Jahre wie besessen daran arbeitete, das Problem der Längengradbestimmung zu lösen, gelang Dava Sobel auch beim deutschen Publikum ein durchschlagender Erfolg. Über 180 Abbildungen, Porträts, Gemälde und Karten machen die illustrierte Ausgabe zu einem herausragenden optischen Genuss.

»Ein Beweis dafür, dass wissenschaftliche Themen, sorgfältig und leicht verständlich erzählt, durchaus viele Leser faszinieren können – ein Kunststück, das zuvor schon Stephen Hawking mit seiner *Kurzen Geschichte der Zeit* gelang.«

Süddeutsche Zeitung

»Ein Juwel von einem Buch, geschrieben mit unvergleichlicher Eloquenz.«

The New York Times

BERLIN VERLAG